U0694366

高等院校艺术设计专业应用技能型教材

TECHNOLOGY AND PRODUCTION OF
SPECIAL EFFECT

影视特效技术与制作

王 越 王宁宁 王 欣◎编著

重庆大学出版社

图书在版编目（CIP）数据

影视特效技术与制作 / 王越，王宁宁，王欣编著
.--重庆：重庆大学出版社，2018.8（2025.7重印）
高等院校艺术设计专业应用技能型教材
ISBN 978-7-5689-0457-5

Ⅰ.①影⋯　Ⅱ.①王⋯②王⋯③王⋯　Ⅲ.①图象处
理软件—高等学校—教材　Ⅳ.①TP391.413

中国版本图书馆CIP数据核字（2017）第053035号

高等院校艺术设计专业应用技能型教材

影视特效技术与制作

YINGSHI TEXIAO JISHU YU ZHIZUO

王　越　王宁宁　王　欣　编著
策划编辑：张菱芷　蹇　佳　刘雯娜
责任编辑：杨　敬　　版式设计：刘雯娜
责任校对：王　倩　　责任印制：赵　晟

重庆大学出版社出版发行
社　址：重庆市沙坪坝区大学城西路21号
邮　编：401331
电　话：（023）88617190　88617185（中小学）
传　真：（023）88617186　88617166
网　址：http://www.cqup.com.cn
邮　箱：fxk@cqup.com.cn（营销中心）
全国新华书店经销
重庆金博印务有限公司印刷

开本：787mm×1092mm　1/16　印张：9　字数：237千
2018年8月第1版　　2025年7月第3次印刷
ISBN 978-7-5689-0457-5　定价：48.00元

本书如有印刷、装订等质量问题，本社负责调换
版权所有，请勿擅自翻印和用本书
制作各类出版物及配套用书，违者必究

编委会

主　任：袁恩培

副主任：张　雄　　唐湘晖

成　员：杨仁敏　　胡　虹

　　　　曾　敏　　王　越

序 / PREFACE

人工智能、万物联网时代的来临，给传统行业带来极大的震动，各传统行业的重组方兴未艾。各学科高度融合，各领域细致分工，改变了人们固有的思维模式和工作方式。设计，则是社会走向新时代的前沿领域，并且扮演着越来越重要的角色。设计人才要适应新时代的挑战，就必须具有全新和全面的知识结构。

作为全国应用技术型大学的试点院校，我院涵盖工学、农学、艺术学三大学科门类，建构起市场、创意、科技、工程、传播五大课程体系。我院坚持"市场为核心，科技为基础，艺术为手段"的办学理念；以改善学生知识结构，提升综合职业素养为己任；以"市场实现""学科融合""工作室制""亮相教育"为途径，最终目标是培养懂市场、善运营、精设计的跨学科、跨领域的新时代设计师和创业者。

我院视觉传达专业是重庆市级特色专业，是以视觉表现为依托，以"互联网+"传播为手段，融合动态、综合信息传达技术的应用技术型专业。我院建有平面设计工作室、网页设计工作室、展示设计实训室、数字影像工作室、三维动画工作室、虚拟现实技术实验室，为教学提供了良好的实践条件。

我院建立了"双师型"教师培养机制，鼓励教师积极投身社会实践和地方服务，积累并建立务实的设计方法体系和学术主张。

在此系列教材中，仿佛能看到我们从课堂走向市场的步伐。

重庆人文科技学院建筑与设计学院院长

张雄

2017年冬

前 言 / FOREWORD

我们的生活每天都在发生着巨大的变化，科学技术的快速发展更是让人叹为观止。以电影为例，20世纪初，当大家第一次从黑白默片中看到有活动的人影时，尖叫声四起，人们纷纷惊奇到不敢相信自己的眼睛。而如今，在这个虚幻的世界里，人类不仅可以上天入地、穿越时光，还能调动一切能量……似乎已经无所不能。只要你能想到的东西，都可以在屏幕上得到实现，优秀的影视特效不断给我们带来视觉和感官上的震撼。

影视特效技术是目前世界上较为流行的计算机应用技术，被广泛地应用于电影、电视、游戏、多媒体、建筑等行业。在我国，影视特效技术正处于一个高速发展的阶段，而After Effects正是进行影视特效与合成的利器，是目前拥有用户数较多的影视后期制作软件。它作为Photoshop的兄弟软件，上手比较容易。本书按照"工作过程导向"的教学理念，基于"互联网+"模式，从工作实用的角度出发，按照基础理论讲解、初级特效制作、高级插件解析等进阶环节实施编写，内容层层递进。全书基于互联网平台，不仅链接了"影视大咖"对影视制作重要知识点的讲解，还收集了行业公司"技术大神"对经典案例的幕后剖析，更对初学者在使用软件进行影视后期合成时经常遇到的问题进行了实例讲解，以免初学者在起步的过程中走弯路，可谓轻松地揭开了影视特效制作的神秘面纱。

本书的读者群较为广泛，艺术设计专业的在校学生、校外的影视制作爱好者都可阅读，本书也可以作为影视专业工作人员的技能手册。希望读者在阅读该书后能拓展思维与眼界，深化对专业知识的理解，提升设计能力，快速融入专业应用和操控实际项目。

　　本书由重庆人文科技学院王越、王宁宁、王欣老师进行编写。王越老师编写导引、第一单元第二课、第二单元第九课和第三单元；王宁宁老师编写第二单元第三课至第八课；王欣老师编写第一单元第一课。在教材编著的过程中，编者参考了相关学者的研究论著，采用了同行和学生的作品，在此向他们表示衷心的感谢！

编著者

2017年12月

教学进程安排

课时分配	导 引	第一单元	第二单元	第三单元	合 计
讲授课时	2	3	22	4	36
实操课时	—	—	36	8	44
合 计	2	8	58	12	80

课程概况

　　影视特效课程是艺术设计（视觉传达设计）专业的主干课程之一，也是一门重要的应用型技术课程，其目的是让学生掌握使用Adobe After Effects软件，完成影视特效制作。本课程分为三个单元：第一单元从理论导入，让学生了解影视特效的发展和制作中涉及的各种规范及要素；第二单元为实践应用，通过多个案例让学生学会各种常规特效的制作；第三单元从一个完整案例出发，为学生展现完整的设计流程。本书旨在让学生完成学业后，能胜任影视后期制作、广告后期制作、栏目包装、企事业单位宣传策划、特效制作等多个工作岗位的工作。

教学目的

　　该课程主要通过理论与实践两个方向进行影视特效知识的讲解，让学生对影视后期制作不仅有理论支撑，还能对After Effects这个特效制作软件有深入认识。学生完成后，能独立完成影视动画的制作合成及输出，并制作出相对完整的影视特效、影视片头等视频作品。

目 录 / CONTENTS

导　引
初识影视特效

1.什么是影视特效

1）影视特效的定义

影视特效简称"影视特技"，是对现实生活中不可能完成的镜头，以及难以完成或需花费大量资金拍摄的镜头，用计算机或工作站对其进行数字化处理，从而达到预期的视觉效果。在运用影视特效的过程中，能够结合人们的想象力，创造出各种形象，最大限度地满足人们的视觉享受。在好莱坞，特效电影的生产占据很大的比重，高票房的电影中特效制作的成分通常都很大，特效制作已经成为电影制作的常用手段。

2）影视特效的分类

影视特效是一个广泛的称谓，如果从专业角度继续细分的话，可以分为视觉效果（Visual Effects）和特殊效果（Special Effects）。

（1）视觉效果

视觉效果指不能依靠摄影技术完成的后期特技，基本以计算机生成图像为主，换句话说，就是在拍摄现场不能得到的效果。它具体包含三维图像（虚拟角色、三维场景、火焰海水烟尘等）和二维图像（数字绘景、钢丝擦除、多层合成等）。

（2）特殊效果

特殊效果指在拍摄现场使用的用于实现某些效果的特殊手段，它被摄影机记录并成像，具体有小模型拍摄、逐格动画、背景反映合成、蓝绿幕技术、遮片绘画、特殊化妆、威亚、自动化机械模型、运动控制、爆炸、人工降雨、烟火、汽车特技等技术。

在现代电影制作中，特殊效果和视觉效果多联合使用，密不可分，而且分界线也不是非常清晰。例如，蓝绿幕技术和威亚技术都需要依靠电脑软件进行擦除，是二者联动的技术手段。

2.影视特效的功能

影视特效的主要功能就是把一切不可能的场景转化成可能，一些在现实中难以实现拍摄的产品在后期特效的作用下都可以变为现实。其功能主要体现在创建视觉模型、处理画面意境、创造特殊效果和组接镜头。

1）创建视觉模型

在影视作品中，为了使信息传播更为精确，画面质量更好，或是为了让自然界中不存在的某个物体推动情节的发展，往往需要在其中制作一些非常逼真或具有视觉冲击力的视觉元素。影视特效对这类元素创建就有着不可替代的作用，如动物、人物、建筑以及各种特效元素的再现。

2）处理画面意境

后期特效对画面意境的处理能力，最主要表现在对画面色调的调节上。现在的商业作品通常会在后期制作时调节画面的色调，这样一方面可以统一不同时间、不同条件下的画面效果；另一方面又能对作品的整体色调进行处理，表现出作品的氛围和情绪特征；还可以单独突出或淡化某种色调来达到强调视觉效果和表达特定情节含义的目的。

3）创造特殊效果

随着观众对视觉效果要求的提升，自然的画面效果已经不能很好地吸引观众的注意力，影视特效的广泛应用可以使视觉画面更具有表现力和冲击力。例如，影视特效中的光效是一种极为常见的特效，只要使用得当，可以充分提升画面的视觉美感。

4）组接镜头

组接镜头，不是简单地将一个个的画面直接连接在一起，而是指创建组接的方法。影视特效可以使镜头与镜头之间的过渡成为新的表现元素，让镜头之间的切换变得更加流畅、自然。

3.影视特效的应用范畴

影视特效的强大功能使其不断地被普及，在当今社会，影视特效无处不在，它的应用大致分布在三个领域中，即影视栏目包装、CG动画片游戏产业和广告制作。

1）影视栏目包装

随着频道专业化与个性元素的进一步加强，如今的电视节目制作基本上已告别了纯粹使用传统方式来进行拍摄和剪辑的模式，多是运用计算机特效来制作。特效在栏目包装中的主要作用是节目剪辑合成，影片的片头、片尾、宣传片和形象片的制作和播出。

2）CG动画片游戏产业

　　将影视特效应用到动画片是动画产业的一次革命，它创造了一种全新的视觉艺术效果。与传统手绘的逐帧动画相比，计算机技术产生的效果与效率都是不可比拟的。它使动画片达到了一种独特的艺术境界。此外，影视特效使游戏产业也日趋火爆，如游戏中的火焰爆炸之类的繁杂特效都是运用粒子动画技术产生的，后期特效使这个产业不断繁荣。

3）广告制作

　　影视特效之所以能够在无数领域里得到广泛应用，可以说得益于影视广告特技的大量运用。通过它，用户可以结合广告创意，充分发挥特效软件所提供的强大功能。在特效技术的保证下，创意可以没有想象空间的限制，即只有想不到，没有做不到。

第一单元
了解影视特效

课　　时： 8课时

单元要点： 影视作品是一个造梦空间，而影视特效让这个梦更加精彩。通过影视特效，各种作品被创造出观众没见过也没有想过的梦境。本单元主要让学生了解数字化进入影视特效行业的过程，认识数字化给电影艺术带来的深刻变革和影视特效行业发展的历史脉络；同时，理解构图、镜头运动、色彩、光影等要素对一部影片的影响，让学生有更清晰的思路去应对后面的案例操作。

第一课　影视特效小知识

课时：4课时
要点：通过古今对比，让学生了解影视特效的发展概况。

1.前"电脑时代"的影视特效

在计算机出现之前，所有特效都依赖传统特效完成。所谓传统特效，又可细分为化妆、搭景、烟火特效、早期胶片特效等方式。人们熟知的20世纪80年代的《西游记》，里面的妖魔鬼怪全部是用传统特效的化妆手法完成的。拍摄时先由专业人士制作出妖怪的面具，再由演员套在头上进行拍摄。而在表现天宫场景时，工作人员建造一些类似于天宫的建筑，再放一些烟，营造出天宫云雾缭绕的情景。现在，我们来看看影视特效发展初期所用到的各种手法、技术。

1）魔术师手法

乔治·梅里爱，19世纪末早期特效艺术导演，这位世界级的电影艺术家被誉为电影史上的"魔幻大师"，用尽一生的时间为电影特效艺术做出了巨大贡献。1898年，在电影《多头人》中，梅里爱通过遮罩和多次曝光技术（在一幅胶片上拍摄多个影像）为观众们呈现了一场精彩的"魔术秀"。梅里爱用一块涂有黑色颜料的玻璃板作为遮罩挡住镜头的一部分，使部分胶片不会感光。拍摄完后，梅里爱倒回同一幅胶片，用遮罩挡住镜头的另一部分再次进行拍摄。两次或多次曝光后，同一幅胶片上会显现不同的画面。此手法被视为绿幕合成技术的雏形（图1-1）。

图1-1

另外，埃德温·S.鲍特在1903年拍摄的电影《火车大劫案》中再次使用遮罩和多次曝光技术，表现行驶的火车和飞掠而过的风景，呈现出更为逼真的宏大场景。

2）神奇的遮罩技术

20世纪前20年，特效技术不断普及和完善，可利用遮罩技术模拟出以假乱真的场景。随后衍生出玻璃遮罩绘景技术，即将一块画有场景的玻璃板置于摄影目标和摄像机之间，在不增加成本的前提下营造出身临其境的观感。此技术盛行于整个好莱坞"黄金时代"（1929—1959年），并沿用至今（图1-2）。

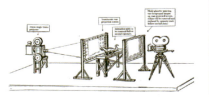

图1-2   图1-3   图1-4

（1）"黑幕"技术

早期的遮罩绘景技术有局限性，遮罩绘景常常被应用在活动场面中，容易出现明显的穿帮。后来出现的动态遮罩技术则解决了遮罩绘景技术的局限问题。动态遮罩技术分两个阶段完成：首先是前景拍摄，摄影机中的负片只对在摄影棚里的纯黑背景板前表演的演员感光。然后是背景拍摄，将活动遮罩和前景拍摄的底片一起装进合成摄影机中，遮罩中的透明部分会使前景拍摄时未感光部分感光。这样一来，合成的画面不再受活动限制。1927年，F.W.茂瑙在电影《日出》中首次使用此技术。

（2）"蓝幕"技术

1925年出现了"蓝幕技术"，即利用彩色照明设备，背景呈现蓝色、前景呈现黄色。然后，通过渲染和滤镜等处理方式，分离前景与背景，形成动态遮罩，保留拍摄目标的阴影。1933年的电影《金刚》中首次应用这项技术（图1-3），当时的蓝幕技术只能运用于黑白影片。

1940年，电影《巴格达大盗》完成了电影特效发展史上的又一次飞跃。该片在蓝幕前进行前景拍摄，因为蓝色与人的肤色反差最大，而且蓝色的像素颗粒最小。而后，将蓝色从三色印染的底片中分离出来，利用光学印片机，将之前分开拍摄的前景和背景进行合成。蓝幕技术为影片《巴格达大盗》摘得1940年奥斯卡最佳特效奖立下了汗马功劳。但是，当时的蓝幕技术仍存在弊端。首先，工序烦琐，消耗时间；其次，部分蓝色背景抠不干净；最后，细节处无法实现百分之百的精准抠像，不能完全展现出栩栩如生的效果。尽管如此，蓝幕技术依然在电影史上占据主导地位，直到出现了数字绿幕合成技术。

（3）"黄幕"技术

1950年，影视特效先驱佩德罗·维拉霍斯开发了钠光灯遮罩技术，又称"黄幕"技术。该技术将包含演员在内的前景置于正常打光环境，使用钠光灯强光照射白色背景板，钠光灯发出的光线经过特殊滤镜的处理，被剥离到黑白胶片上，从而区隔出前景画面和动态遮罩（图1-4）。钠光灯遮罩技术广泛应用于20世纪50年代中期的电影，在20世纪六七十年代更是得到飞速发展。1964年的电影《欢乐满人间》充分发挥此项技术的优势，获得了当年的奥斯卡最佳特效奖。

2. "数字时代"的影视特效发展

随着计算机产业的不断发展，计算机图形处理技术（Computer Graphics，简称CG）日趋完善。由于使用计算机技术可以把图像分解成一个一个像素，在这种情况下，素材的混合叠加，二维、三维动画的特效效果，多层画面的叠合处理，特别是虚拟场景和真实场景的合成技术运用，都可以得到实现。数字图像处理技术实现了许多过去无法实现的影视特效效果，进入20世纪90年代以来，该技术日益成熟，也诞生了若干部具有代表性的影视作品。

从《加勒比海盗》的虚拟角色，到《后天》的影视合成；从《变形金刚》的衣物模拟，到《WALL·E》的全三维CG电影，它们都把CG技术与电影艺术完美地融为一体。CG技术成为现代商业电影中不可取代的一部分，CG技术为现代电影工业注入活力，给电影带来了前所未有的视觉效果，丰富了电影的艺术张力和生命力。

CG时代的特效制作主要分成两大类：三维特效和合成特效。三维特效由三维特效师完成，主要负责动力学动画的表现，如建模、材质、灯光、动画、渲染等。合成特效由合成师完成，主要负责各种效果的合成工作，如抠像、擦威（擦除威亚）、调色、合成、汇景等。

数字技术除了能更好、更完美地呈现传统电影特效技术的效果，还可以出色地完成传统电影特效技术不能做到的内容。计算机与电影特技的结合体现在两方面：一是起控制作用，控制用来辅助产生画面的装置拍摄特殊的画面或进行合成；二是直接参与创建电影特效画面。后者又可分成几类：第一类是计算机生成（Render）影像，也称为计算机图形处理技术或计算机成像（Computer Generated Imagery，简称CGI）技术。它与利用传统的模型摄影方法相似，只不过是用二维动画和三维动画软件建立数字模型，进而生成影片所需的动态画面，不需要摄影机的参与，直接产生画面。第二类是数字影像处理，即用软件对摄影机实拍的画面或软件生成的画面进行再加工，从而产生影片需要的新图像，包括对画面的色彩处理、变形处理，对合成画面的质感处理等。第三类是数字影像合成。合成技术是指把多种源素材混合成单一复合画面的处理过程，是影视制作工艺流程中必要的环节。早期的影视合成手段主要依赖胶片洗印和电子特技，如电影中广泛应用的遮片技术。但是，它有很大的局限性，如不能合成比较复杂的画面，更无法用传统的合成技术将计算机制作的图像与其合成在一起。因此，需要由数字技术来实现这一点。

20世纪90年代开始，数字绿幕技术，又称为"色度键抠像技术"全面崛起。在基础视频混合处理系统中，色键是颜色的数字化标志，相当于把所有颜色转化为视频信号。现在，老式胶片摄影已经逐步被数字拍摄所取代，而数字感光器材对绿色更为敏感，所以在绿幕背景下拍摄更加方便制作活动遮罩。同时，由于蓝幕和天空颜色相近，因此，在进行户外场景的拍摄时，使用绿幕拍摄能解决蓝幕带来的抠像不完整等问题。绿幕技术能够精准地将前景和背景剥离，还能大大压缩特效制作的时间。因此，"绿幕"技术更受电影特效师们的青睐。

电影如果过分依赖电脑合成特效，就会失去它原有的本真。但是，电影特效展现了导演天马行空的想象力，为电影观众奉上一场场视听盛宴，推动电影工业的发展。从1896年乔治·梅里爱的电影《贵妇人的失踪》，到2016年的《奇异博士》，电影特效不断进步，让人们有更多的机会体验梦想成真、叹为观止的感觉。

3.国内外经典特效电影一览

　　20世纪50年代，我国各电影厂设立了特技部门，一批极具代表性的影片动用了较大的特技场面。20世纪60年代，中国电影特技进入研发期。20世纪60年代初期，北影特技部门研制完成了我国第一套红外线幕活动遮片合成摄影系统，并首次成功应用在影片《游园惊梦》中。此后中国电影受到外界因素影响，直到20世纪70年代后期才得以恢复。20世纪90年代中期，电视广告和一些影视片开始使用数字化特效，电脑影像制作技术在国内开始受到关注。2005年，当时的国家新闻出版广电总局投入专项资金研究制定了适合中国国情的数字影片标准，此举标志着数字制作在电影艺术中占有越来越重要的地位。国内外经典特效电影情况详见二维码。

第二课　影视特效理论储备

课时： 4课时

要点： 系统介绍了影视特效的基本理论规范以及制作影视特效的相关技术支撑环节。

1.影视特效的相关理论

1）影视常用术语概念

（1）像素

像素（pixel）是指基本原色素及其灰度的基本编码。像素是构成数码影像的基本单元，通常以像素每英寸PPI（pixels per inch）为单位来表示影像分辨率的大小。

（2）分辨率

分辨率是影像清晰度或浓度的度量标准。举例来说，分辨率代表垂直及水平显示的每英寸（inch）上点（dpi）的数量。

（3）帧速率

每秒钟显示的图片数量称为帧速率，单位是帧/秒（ftp/s）。帧速率也是描述视频信号的一个重要概念，我国PAL制式电视系统的帧速率为25帧，而欧美NTSC制式电视系统的帧速率为29.97帧。

（4）像素比

像素比是指图像中的一个像素的宽度与高度之比，而帧纵横比则是指图像的一帧的宽度与高度之比。

（5）位深

"位"（bit）是计算机存储器里的最小单元，它用来记录每一个像素颜色的值。图形的色彩越丰富，"位"的值就会越大。每一个像素在计算机中所使用的这种位数就是"位深度"。在记录数字图形的颜色时，计算机实际上是用每个像素需要的位深度来表示的。

（6）时间码

时间码（time code）是摄像机在记录图像信号的时候，针对每一幅图像记录的唯一的时间编码，是一种应用于流的数字信号。该信号为视频中的每个帧都分配一个数字，用以表示小时、分钟、秒钟和帧数。现在所有的数码摄像机都具有时间码功能，模拟摄像机基本上没有此功能。

（7）定格

定格是影视镜头运用的技巧手法之一，其表现为银幕上的活动影像骤然停止而成为静止画面。定格是动作的刹那间"凝结"，显示其宛若雕塑的静态美，用以突出或渲染某一场面、某种神态、某个细节等。

（8）出画/入画

出画/入画是影视艺术处理镜头结构的一种手法。镜头画面中的中心人物或运动物体离开画面，称为出画；人物或运动物体进入画面，称为入画。当一个动作贯串在两个以上的镜头中时，为了使动作流程继续下去而不使观众感到混乱，相连镜头之间的人物或运动物体的出画和入画方向应当基本上保持一致，否则必须插入中性镜头作为过渡。

（9）切出/切入

切出/切入是指上下镜头直接衔接。前一个镜头叫"切出"，后一个镜头叫"切入"。这种不需要外加任何技巧的镜头组接方法，能增强动作的连贯性，不打断时间的流程，具有干净、紧凑、简洁、明快的特点。它往往用于环境描写、人物对话和行动的衔接。在影片的拍摄中，同一场面内的镜头一般多采用这种衔接方式。随着镜头的切出切入，观众在视点的不断变换中，逐渐了解表现对象，并不感到画面的组接痕迹。

（10）淡入/淡出

淡入/淡出也称"渐显渐隐"，它是影视艺术中表现时间、空间转换的技巧之一。后一个画面逐渐显现，最后完全清晰，这个镜头的开端称"淡入"，表示一个段落的开始；前一个画面渐渐隐去直至完全消失，称"淡出"，表示一个段落的结束。淡入、淡出节奏舒缓，具有抒情意味，并能给观众以视觉上的间歇，产生一种完整的段落感。

（11）划入/划出

划入/划出简称"划"，它是影视艺术中表现时间、空间转换的技巧之一。指用不同形状的线，将前一个画面划去（划出），代之以后一个画面（划入）。它一般适用于表现节奏较快、时间较短的场景转换，尤其是在描写同时异地或平行发展的事件时，划的组接技巧有着别种方法所不能替代的作用。其不足之处在于，如处理不当，容易使观众感到存在银幕四面框，削弱了画面形象的真实感。

（12）圈入/圈出

圈入/圈出是"划"的一种变化形式。它是以圆圈的方式，从画面中心圆点开始逐渐扩大（圈出），或以圆圈将整个画面逐渐收缩为圆点（圈入），并由下一个画面所取代。有时，圈入也用于强调或突出画面上某一细节部分。

2）影视常见文件格式

（1）MPEG

它是Motion Picture Experts Group 的缩写。这类格式包括了 MPEG-1、MPEG-2 和 MPEG-4在内的多种视频格式。其中，MPEG-1是设计者接触得比较多的形式，因为目前其正被广泛地应用在VCD 的制作和一些视频片段下载的网络应用上面，大部分的 VCD 都是用 MPEG-1 格式压缩的（刻录软件自动将MPEG-1转为 .DAT格式）。使用 MPEG-1 的压缩算法，可以把一部 120 分钟长的电影压缩到 1.2GB 左右。MPEG-2 则是应用在 DVD 的制作，同时在一些 HDTV（高清晰电视广播）和一些高要求视频编辑、处理上面也有广泛的应用。使用 MPEG-2 的压缩算法，一部 120 分钟长的电影可以压缩到 5~8GB 的大小（MPEG-2的图像质量是MPEG-1 无法比拟的）。

（2）AVI

音频视频交错（Audio Video Interleaved）的英文缩写。AVI这个由微软公司发表的视频格式，在视频领域可以说是最悠久的格式之一。AVI格式调用方便、图像质量好，压缩标准可任意选择，是应用最为广泛的格式。

（3）MOV

使用过Mac机的朋友应该多少接触过QuickTime。QuickTime原本是Apple公司用于Mac计算机上的一种图像视频处理软件。QuickTime提供了两种标准图像和数字视频格式，即可以支持静态的*.PIC和*.JPG图像格式，动态的基于Indeo压缩法的*.MOV和基于MPEG压缩法的*.MPG视频格式。

（4）ASF

ASF 是 Microsoft 为了和现在的 RealPlayer 竞争而发展出来的一种可以直接在网上观看视频节目的文件压缩格式。ASF使用了 MPEG-4 的压缩算法，压缩率和图像质量都很不错。因为 ASF 是以一种可以在网上即时观赏的视频"流"格式存在的，所以它的图像质量比 VCD 差一点点并不为奇，但比同是视频"流"格式的 RAM 格式要好。

（5）WMV

WMV是一种独立于编码方式的、能在Internet上实时传播的多媒体技术标准，Microsoft公司希望用其取代QuickTime之类的技术标准以及WAV、AVI之类的文件扩展名。WMV的主要优点：可扩充的媒体类型、本地或网络回放、可伸缩的媒体类型、流的优先级化、多语言支持、扩展性等。

（6）NAVI

NAVI是 New AVI 的缩写，是一个名为 Shadow Realm 的地下组织发展起来的一种新视频格式。它是由对Microsoft ASF 压缩算法的修改而来的（并不是想象中的 AVI）。因为视频格式追求的无非是压缩率和图像质量，所以 NAVI 为了达到这个目标，改善了原始的 ASF 格式的一些不足，让NAVI 可以拥有更高的帧率。可以这样说，NAVI 是一种去掉视频流特性的改良型 ASF 格式。

（7）3GP

3GP是一种3G流媒体的视频编码格式，主要是为了配合3G网络的高传输速度而开发的，也是目前手机中最为常见的一种视频格式。该格式是3GPP制定的一种多媒体标准，使用户能使用手机享受高质量的视频、音频等多媒体内容。其核心由高级音频编码（AAC）、自适应多速率（AMR）和MPEG-4 和 H.263 视频编码解码器等组成，目前大部分支持视频拍摄的手机都支持3GPP格式的视频播放。

（8）FLV

FLV 是Flash Video的简称，FLV流媒体格式是一种新的视频格式。由于它形成的文件极小、加载速度极快，使网络观看视频文件成为可能。它的出现有效地解决了视频文件导入Flash后，导出的SWF文件体积庞大、不能在网络上很好地使用等问题。

常见视频格式比较如图1-5所示。

按体积来比较

DVD ＞ MPEG4 ＞ AVI ＞ RMVB ＞ WMV ＞ FLV ＞ 3GP

按画质比

MPEG4 ＞ DVD ＞ RMVB ＞ AVI ＞ WMV ＞ FLV ＞ 3GP

图1-5

3）主流影视特效合成软件介绍

目前市场上有多种数字特效合成软件，大致可以分为面向流程的软件和面向层的软件。面向流程的软件是把合成画面所需要的一个个步骤作为单元，每一个步骤都接受一个或几个输入画面；对这些画面进行处理，并产生一个输出画面。通过把若干个步骤连接起来，形成一个流程，从而使原始素材经过种种处理，最终得到合成结果，如Shake、Digital Fusion、Chalice等软件都属于这种类型。面向层的软件是把合成软件划分为若干层次，一般每个层次对应一段原始素材。通过对每一层进行操作，如增加滤镜、抠像、调整等，使每一层画面满足合成的需要。最后，把所有层次按一定的顺序叠合起来，就可以得到最终的合成画面。如Discreet Logic公司Inferno、Flame、Flint系列软件就属于此类，还有After Effects、Softimage等软件也属此类。对基于流程和基于层的合成软件来说，前者更擅长制作精细的特技镜头，后者则具有较高的制作效益，可谓各有所长。前者由于流程的设计不受层的局限，可以设计出任意复杂的流程，有利于对画面进行非常精细的调整，比较适合电影的合成效果；后者则比较直观，易于上手，制作速度快。下面，就市面上常见的几款特效合成软件进行简单介绍。

（1）Inferno、Flame、Flint

Inferno、Flame、Flint是加拿大的Discreet Logic公司开发的系列合成软件。这3种软件分别是这个系列的高、中、低档产品。Inferno运行在多CPU的超级图形工作站ONYX上，一直是高档电影特技制作的主要工具。Flame

图1-6

运行在高档图形工作站OCTANE上，既可以制作35cm电影特技，也可以满足从高清晰度电视（HDTV）到普通视频等多种节目的制作需求。Flint（图1-6）可以运行在OCTANE、O2、Impact等多个型号的工作站上，主要用于电视节目的制作。尽管这3种软件的规模、支持硬件和处理能力有很大区别，但功能类似，都是业界领先的在线视觉效果制作系统。使用它们可以有效地进行电影、数字影院、HDTV/DTV、高分辨率广告和视频项目（NTSC/PAL）的制作。

（2）Edit、Effect、Paint

Edit、Effect、Paint是Discreet Logic公司在PC平台上推出的系列软件，其中Edit（图1-7）是专业的非线性编辑软件，配合Targa系列的高清视频采集卡，是仅次于Avid Media Composer的优秀非线性编辑软件。Effect则是基于层的合成软件，可进行为各层画面设置运动、校色、抠像、跟踪等操作，也可以设置灯光，特别强调与3ds Max的协作。Paint是一个绘图软件，利用这个软件，用户可以方便地对活动画面进行修饰。它基于向量的特性可以很方便地对画笔设置动画功能，满足活动动画的绘制需求。

（3）5D Cyborg

5D Cyborg（图1-8）可应用于电影、标准清晰度影像及高清晰度影像的合成制作，能大大提高后期制作的工作效率。它不仅有基本的色彩修正、抠像、追踪、彩笔、时间线、变形等功能，还有超过200种的特技效果。5D Cyborg的特效环境会协助创作师创建完美的特效。Cyborg中包括了很多特效工具，可以应用在场景和目标物体的合成过程中，对于任何单一形态的3D物体，都可以任意分割数次。

（4）Digital Fusion

Digital Fusion（图1-9）是由加拿大Eyeon公司开发的基于PC平台的专业软件。Digital Fusion采用面向流程的操作方式，提供了具有专业水平的校色、抠像、跟踪、通道处理等工具，还有16位颜色深度、色彩查找表、场处理、胶片颗粒匹配、网络生成等一般只有大型软件才有的功能。

| 图1-7 | 图1-8 | 图1-9 |

| 图1-10 | 图1-11 | 图1-12 |

（5）Combustion

Combustion（图1-10）是Disc-eet对基于其NT平台上的Effect和Paint经过大量的改进产生的。它具有极为强大的特效合成和创作能力。Combustion为用户提供了一个完善的设计方案：包括动画、合成和创造具有想象力的图像。它可以在无损状态下进行工作，在画笔和合成环境中完成复杂的效果。在3D合成环境中，它可以完成优越的动态跟踪、键控和色彩校正。

（6）After Effects

After Effects（图1-11）是美国Adobe公司出品的一款基于PC和Mac平台的特效合成软件（也可简称为"AE"）。它是最早出现在PC平台上的特效合成软件，具有强大的功能和低廉的价格。在中国拥有广泛的用户群，国内大部分从事特效合成工作的人员，都是从该软件起步的。After Effects是一款用于高端视频特效系统的专业等效合成软件。它借鉴了许多优秀软件的成功之处，将视频特效合成上升到了新的高度。Photcshop中，层概念的引入，使After Effects可以对多层的合成图像进行控制，制作出天衣无缝的合成效果；关键帧、路径等概念的引入，使After Effects对控制高级的二维动画游刃有余；高效的视频处理系统，确保了高质量的视频输出；令人眼花缭乱的特技系统更使After Effects能够实现使用者的一切创意。After Effects不但能与Adobe Premiere、Adobe Photoshop、Adobe Illustrator等软件紧密集成，还可高效地创作出具有专业水平的作品。因此，无论是电影、视频、多媒体创作，还是Web开发，After Effects都为其提供了全套的工具，使工作流程更灵活，可实现2D及3D合成、动画及其他各种效果的制作，它也是本书所讲的重点软件。

（7）NUKE

NUKE（图1-12）是由The Fourdry公司研发的一款数码节点式合成软件，它为艺术家们提供了创造具有高质素的相片效果的图像的方法。NUKE无须专门的硬件平台，但却能提供组合和操作扫描的照片、视频板以及计算机所生成图像的工具，灵活、有效、节约和拥有全功能。在数码领域，NUKE已被用于近百部影片和数以百计的商业和音乐电视。它具有先进的将最终视觉效果与电影电视的其余部分无缝结合的能力，无论所需应用的视觉效果是什么风格或者有多复杂。它已成为目前影视特效行业流行使用的软件之一。

2.影视特效中的镜头

镜头是影视创作的基本单位，一部完整的影视作品，是由一个一个的镜头完成的，离开独立的镜头，也就没有了影视作品。通过对多个镜头的组合和设计的表现，才能完成整个影视作品镜头的制作。所以，镜头的应用技巧也直接影响着影视作品的最终效果。

1）推镜头和拉镜头

推镜头是指使画面由大范围景别连续过渡的拍摄方法。推镜头一方面把主体从环境中分离出来，另一方面提醒观者对主体或主体的某个细节引起特别注意（图1-13、图1-14）。

拉镜头与推镜头正好相反。它把被摄主体在画面中由近至远、由局部到全体地展示出来，使主体或主体的细节渐渐变小。拉镜头强调主体与环境的关系（图1-15）。

2）摇镜头

摇镜头是指摄像机的位置不动，只作角度的变化。其方向可以是左右摇或上下摇，也可以是斜摇或旋转摇。其目的是对被摄物体的每个部位逐一展示，可以是展示整体环境，也可以是审视某一个物体。其中最常见的摇镜头是左右摇，在电影拍摄中经常使用（图1-16）。

图1-14

图1-13

图1-15

图1-16

图1-17

3）移镜头

移镜头就代表移动，指让摄像机沿水平方向移动并同时进行拍摄。移动拍摄要求较高，在实际拍摄中需要专用设备配合。移动拍摄可产生巡视或展示的视觉效果，如果被摄主体属于运动状态，使用移动拍摄可在画面上产生跟随的视觉效果（图1-17）。

4）跟镜头

跟镜头是指跟随拍摄，即摄像机始终跟随被摄主体进行拍摄，使运动的被摄主体始终在画面中。其作用是能更好地表现运动的物体。

由于摄影机跟随运动着的被摄对象拍摄画面，因此跟镜头可连续而详尽地表现角色在行动中的动作和表情。它既能突出运动中的主体，又能交代运动物体的运动方向、速度、体态及其与环境的关系，使运动物体的运动保持连贯，有利于展示人物在动态中的精神面貌（图1-18）。

5）甩镜头

甩镜头实际上是摇镜头的一种，具体操作是在前一个画面结束时，镜头急骤地转向另一个方向。在甩镜头的过程中，画面变得非常模糊，要等镜头稳定时才出现一个新的画面。它的作用是表现事物、时间、空间的急剧变化，造成观众心理的紧迫感。甩镜头还适合表现明快、欢乐、兴奋的情绪，也可以产生强烈的震动感和爆发感，如《罗拉快跑》中曼尼开始持枪抢劫超市的镜头（图1-19）。

图1-18

图1-19

3.影视特效中的景别

景别是影片构成的基本要素，它是指被摄主体所占画面大小的不同。景别一般分为远景、全景、中景、近景和特写。有时根据需要，它们中间又有更加细致的划分，如大远景、中近景、大特写等。景别的划分没有严格的界限，但在具体制作一个节目时，它应该有统一的标准。景别的划分习惯以画面边框裁切成年人身体部分的多少为标准（图1-20）。

首先，景别的功能就是通过大小不同的位置变换使受众看清影片的内容。其次，景别还能通过营造特定的环境气氛，使观众产生某一方面的心理效果。最后，运用不同的景别可以产生不同的气势规模，可形成某种特殊的氛围，也可突出某处细节布局等，从而向受众传达画面以外的心理信息。

1）远景

远景是景别中视距最远、表现空间范围最大的一种景别，一般表现比较开阔的场景和场面。远景画面注重对景物和事件的宏观表现。展示广阔的视觉空间和表现景物的宏观形象是远景画面的重要任务，讲究"远取其势"。在影视片中常以远景镜头作为开篇或结尾画面，或作为过渡镜头。如图1-21、图1-22所示，通过画面的远景交代了故事发生的地理环境，在宽阔的场景中带给观众震撼的视觉享受，同时也渲染了影片奔放、自由的气质。

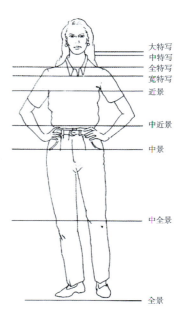

图1-20

图1-21   图1-22

2）全景

拍摄人物全身或场景全貌的电影画面称为全景。全景具有较为广阔的空间，可以充分展示人物的整个动作和人物的相互关系。在全景中，人物与环境常常融为一体，能创造出有人有景的生动画面。全景和特写相比，视距差别很大。如果两者直接进行组接，会造成视觉和情绪上大幅度的跳跃，常能收到特有的艺术效果。如图1-23所示，人物全貌都可置身在环境之中，并占据主要位置。

3）中景

中景是表现成年人膝盖以上部分或场景局部的画面。较全景而言，中景画面中人物整体形象和环境空间降至次要位置。中景往往以情节取胜，既能表现一定的环境气氛，又能表现人物之间的关系及其心理活动，是影视画面中最为常见的景别。

中景能够展现物体最有表现力的结构线条，能够同时展现人物脸部和手臂的细节活动，表现人物之间的交流，擅长叙事。中景给观众提供了指向性视点，它既提供了大量细节，又可以持续一定时间，适于交代情节和事物之间的关系，能够具体描绘人物的神态、姿势，从而传递人物的内心活动。如图1-24所示，中景画面较强地体现出了画面结构线和人物交流的区域，其中环境处于比较次要的地位。

图1-23   图1-24

4）近景

近景是表现成年人人体胸部以上或物体小块局部的画面。近景以表情、质地为表现对象，常用来细致地表现人物的精神面貌和物体的主要特征，可以与观众产生近距离的交流感。例如，世界各地的节目主持人或播音员多是以近景的景别样式出现在观众面前（图1-25）。

在近景中，环境和背景的作用进一步降低，吸引观众注意力的是画面中占主导地位的人物形象或被摄主体。近景常被用来细致地表现人物的面部神态和情绪，因此，近景是将人物或被摄主体推向观众眼前的一种景别。如图1-26，电影《大明猩》中两位主人公的情感交流都是用近景表现。

图1-25　　　　　　　　　　　　　　　　　　　　　图1-26

5）特写

特写是表现拍摄主体对象某一局部（如人肩部以上及头部）的画面。特写画面内容单一，主要可强调细节，强化了观众对所表现的形象的认识，并达到透视事物深层内涵、揭示事物本质的目的。如来自电影《这个杀手不太冷》的主人公出场画面，通过一连串的特写镜头揭示人物复杂多样的内心世界（图1-27）。

图1-27

特写景别分割了被摄体与周围环境的空间联系，常被用于转场镜头。特写画面空间表现不确定和空间方位不明确的特点，在场景转换时，将镜头由特写打开至新场景，观众不会觉得突然和跳跃。

4.影视特效中的光影

光影可以决定场景气氛，塑造画面风格；可以刻画人物形象，表现人物心理；可以暗示剧情发展，给观众带来心灵的震撼。意大利著名导演费里尼曾说："在电影中，光影就是一切，它是质感、情趣、风格、描绘。"导演通过对光影的合理运用，营造出一定的氛围，在艺术表达上具有很高的审美价值。

光对物体的塑造是有规律可循的。根据光源投射方向和摄像机光轴之间的夹角，可将光分为顺光、侧光、背光、逆光、顶光和脚光等几种类型。如图1-28、图1-29所示，不同方向的照明光线具有不同的造型特点，选择和布置不同方向的照明光线是摄像师的重要任务。顺光可以使画面显得明亮、干净、平整，但这种光线使影像显得扁平和呆板；侧光可以使被拍摄物体的层次分明，展现出立体感；背光主要用来勾勒出被拍摄物体的轮廓；而顶光和脚光则是光源一个在被拍摄物体的上面，一个在下面，均会使被拍摄的物体造成变形感。所以，根据不同的场景需求，应设置不同的光源方向。

影视作品中的光影通过控制光的强弱变幻、颜色差异、色彩饱和度等元素，会创造出各种迥然不同的画面风格，从而把营造的情感传递给观众。

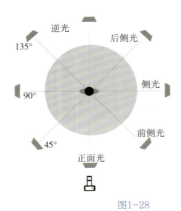

图1-28

图1-29

1）光影影响画面风格

在影片中，镜头画面通过光影把文学作品中的形象视觉化、鲜明化，因此光影的表现有助于影片画面风格的确定。就光线的基调而言，可分为亮调、中间调、暗调（图1-30）。不同的基调会带给观众不同的心理感受。如蒂姆·波顿的电影《断头谷》（图1-31），为了配合影片哥特式的风格，每一个场景的光影都经过了精心设计，忽明忽暗的光影、电闪雷鸣的天空，制造了紧张恐怖的气氛，突出了小镇的诡秘。《天使爱美丽》（图1-32）中运用丰富的光线带给观众浪漫、活泼的氛围，呈现出一种怀旧的风格。可见，电影中光影的运用非常重要，不仅可以烘托出影片氛围，也可以增强影片的冲击力和感染力。

图1-30

图1-31

2）光影刻画人物形象

光影在影响画面风格的同时，也细致入微地塑造了影片中的人物。根据故事情节的发展需要以及人物性格的变化，发挥光线对人物外形和内在的表达作用。为人物构造光影效果会使人物形象更丰富生动，构成人物的形象符号，塑造人物性格、完善叙事结构。影片《机动部队》（图1-33）中用光大胆，多数用硬光直射，灯光照亮人物脸部的四分之三。依靠强烈的侧光照明，使被摄者脸部的一侧呈现出三角形的阴影，呈现出人物造型的大反差，体现了人物冷峻的性格特征。

图1-32

图1-33

3）光影暗示情节发展

在现实生活中，不同的光影会使人产生异乎寻常的生理与心理变化，让观众通过视觉而引起心理上的领悟和情感上的共鸣，从而达到推动故事情节发展的目的。因此，运用不同的光影可以对影片起到叙事表意的作用，使影片的节奏时紧时松，曲折离奇，为影片制造悬念，为剧情埋下伏笔，吸引观众的好奇心，推动故事情节的发展。在动画电影《小马王》（图1-34）中，当史比瑞特和小雨坠入爱河、在河里嬉戏时，整个场景色彩斑斓，柔和的彩霞照耀着它们，营造出一种温馨和谐的气氛，把它们相互依恋的情感传递给观众。在影片《这个杀手不太冷》（图1-35）中，室外光影的变化以及莱昂面部光影的改变，让观者感知情节的发展。在明亮的色调中，让人感到希望；而当色调变暗时，情节随之翻转，死亡来临。

图1-34

图1-35

5.影视特效中的色彩

弗里尼说，彩色——即使在简单的生理学方面也是极其个人化的因素，因为我所说的绿色同你或其他某人所说的绿色不一样。色彩赋予形体以灵魂，正如声音赋予语言以情感。自古以来，在很多领域里，色彩被编码以后成为通信工具，这是色彩象征意义的开始。影视作品创作的一部分就是在创作色彩和传达色彩，影视后期通过不同的色彩搭配组合在人的视觉和心理上产生差异，表现出不同的感情效果。色彩在影视片中的重要性不言而喻，在这里，首先来了解一下与色彩相关的理论知识。

1）色彩模式

色彩模式是数字产业下的一种颜色计算模式，为了表达各种颜色，人们将各种颜色分为若干成分。颜色成分、合成原理的不同，便决定了靠色光合成颜色的设备和靠使用颜料的印刷在生成颜色方式上的区别。

常见的色彩模式有8种。

（1）RGB模式

它属于"加法原则"，是三原光叠加产生白光；反之，白光通过牛顿三棱镜被分为七色（图1-36）。

（2）CMYK模式

它属于"减法原则"，CMYK利用青色、洋红、黄色3种基本色调整浓度混合出各种颜色的颜料，利用黑色调节明度和纯度。由于工业制备的颜料都不能达到100%纯净级别，从原理上讲CMYK混合模式只能获得接近于黑色的深灰色（图1-37）。

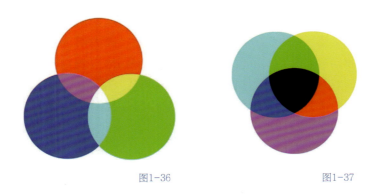

图1-36　　　　　　　　　　　　图1-37

（3）位图（Bitmap）模式

位图模式用两种颜色（黑和白）来表示图像中的像素。

（4）灰度（Grayscale）模式

灰度模式可以使用多达256级灰度来表现图像，使图像的过渡更加平滑细腻。

（5）双色调（Duotone）模式

双色调模式采用2~4种彩色油墨来创建由双色调（2种颜色）、三色调（3种颜色）和四色调（4种颜色）混合其色阶来组成图像。

（6）索引颜色（Indexed Color）模式

索引颜色模式是网上和动画中常用的图像模式，当彩色图像转换为索引颜色的图像后包含近256种颜色。

（7）多通道（Multichannel）模式

多通道模式对有特殊打印要求的图像非常有用。

（8）8位/16位通道模式

在灰度RGB或CMYK模式下，可以使用16位通道来代替默认的8位通道。

2）色彩属性

（1）色彩分类

色彩分为有彩色和无彩色两种。

①有彩色。凡带有某一种标准色倾向的色（也就是带有冷暖倾向的色），统称为有彩色。光谱中的全部色都属有彩色。有彩色是无数的，它以红、橙、黄、绿、蓝、紫为基本色。

②无色彩。是指有彩色以外的其他颜色，常见的有金、银、黑、白、灰。由于以上几个颜色在色谱中是不可见的。无彩色系中没有色相和纯度之说，只有明度的变化。特别是黑色与白色，一般将其称为极色。

（2）色彩三要素

①色相（Hus）。色相指色的相貌和名称颜色，例如大红、深红、朱红、玫红等。

②纯度（饱和度）（Saturation）。它指色彩的纯净程度，又称饱和度或彩度。无彩色中的颜色，没有色相感，纯度为零。在有彩色中，鲜艳的色彩纯度高。

③明度（Brightness）。它指色彩的明暗程度，又称光度。无彩色中，白色明度最高，黑色明度最低。明度具有较强的对比性，它的明暗关系只有在对比中才能显现出来。三要素的相互关系是相互依存、相互制约。

3）色彩在影视中的应用

我们生活在一个五彩斑斓的世界里，世界万物与色彩紧密相关。色彩是依赖于具体形象而存在的，但其在影视中具有特殊作用，即"先于形象，大于形象"，使色彩设计成为影视中一种必要技巧和研究领域，影视色彩变幻无穷。1935年，彩色技术首次运用在美国马莫利安执导的电影《浮华世界》中，使电影由黑白两色过渡到彩色。彩色技术不但给观众带来了全新的视觉享受，更为电影艺术增添了新的魅力。色彩在电影中的出现，不仅在电影中还原了自然界的丰富色彩，而且增强了电影画面的表现力和感染力。人们在欣赏电影时，能够感受到色彩带给他们的不同的心理感受。一般的色彩运用出现在影片中有以下两种情况。

（1）色调

色调是画面呈现出一定的色彩倾向。色调是整部电影总的视觉氛围的主要组成部分，是影响并形成情绪基调的主要视觉手段。

①色彩贯穿整部影片。根据主题的需要，使用一种或两种色调贯穿整部影片。例如，影片《鸟人》（图1-38、图1-39）就是通过强烈的色彩去表达戏剧场景。影片色彩奇幻迷离、引人注目，有大量的蓝色和红色贯穿其中。强烈的颜色对比展现出电影中故事情节的发展脉络，用色彩解构了一个人的精神状态。

图1-38

图1-39

　　②色彩贯穿一个场景。根据主题的需要，使用一种色调贯穿一个场景。例如，《日瓦戈医生》（图1-40）全片都是冷色调。但是，帕沙和拉拉在小屋的火边的场景，为了体现温馨的场面（图1-41），采用了橘黄色的暖色调以引起反差。

图1-40　　　　　　　　　　　　　　　　　　　　　图1-41

（2）局部色相

　　局部色相是指画面中某一具体物体的颜色，如一朵红花、一条白裙等。如果说色调的作用主要是表现创作者的情绪，让影片形成一种独到的韵味和风格的话，那么，局部色相的作用主要体现在对主题的表达上。

　　①为了表现主题，刻意赋予某物体以特殊的色彩。例如，《红色沙漠》（图1-42—图1-45）一片，如同安东尼奥尼用在片名中的颜色一样，红色是这部影片的主体颜色。因此，在片中使用得最频繁的色彩是红色。红墙、红机器、红木板、红色的火焰，十分明确地使影片中的红色与人物、与观众各种状态下的激情联系在一起，突出了主题。又如，《黑炮事件》中的红色雨伞、红色出租车、红色桌布……

　　②为了表现主题，刻意赋予某个人物以特殊的色彩。例如，在影片《罗拉快跑》（图1-46）中，影片的制作者为了强调、赞美罗拉，为了把他挚爱的主人公罗拉从影片众多的人物中凸显出来，在影片中对红色的运用达到了极致。他将罗拉最醒目、最突出的部位——罗拉的头发染成了红色。于是，红色头发的罗拉，为了爱情，在钢筋水泥的城市中、在纷乱的街道上奔跑。

图1-42

你知道这个游戏吗?
图1-43

我需要他.
图1-44

我很担心我不能做到它.
图1-45

图1-46

第二单元
解析影视特效

课　　时： **58**课时

单元要点： 影视片中天马行空的特效是与技术分不开的，在学生了解影视制作基本知识之后，将详细介绍影视特效处理的具体应用，揭秘影片中常见的光影、文字、粒子特效等的具体操作方法。本单元主要通过**After Effects**的操作实践来教授大家使用影视后期合成软件进行创作。本单元是全书重点，理解和掌握抠像，粒子爆破、跟踪等技术原理和方法，通过多个案例详析，探索各种特效的实现过程，从而掌握**AE**的基本制作技巧。

第三课　唯美光影

课时： 8课时

要点： 光影特效是现代影视作品中无法缺少的重要元素。它不仅能引导观众的观察视点，还可以起到营造空间、渲染氛围、刻画造型、推动情节、传达意愿等作用。本课通过手绘形式及"3D Stroke"插件方法，介绍基础光影的制作流程。

1.手绘光线

本案例主要讲解利用"画笔"工具手绘出七彩线条，用"效果"中的"扭曲"命令编辑，并通过调整线条的贝兹曲线制作光线的变形；然后添加"辉光"特效，制作出光晕效果，完成动画。本案例最终的动画效果如图2-1所示。

1）学习目标

①掌握"画笔"工具特效的使用。

②掌握"辉光"特效的使用。

2）操作步骤

①打开AE软件，在"图像合成"中单击"新建合成组"，新建合成（图2-2）。

②新建一个名为"手绘光线"的合成，大小：720px×576px；预置：PAL D1/DV；时间长度：5秒（图2-3）。

③鼠标右键单击时间线下方的灰色区域，选择"新建"→"固态层"（图2-4）。

④新建一个"黑色固态层1"，参数保持默认状态（图2-5）。

⑤选择"黑色固态层1"（图2-6）。

图2-1

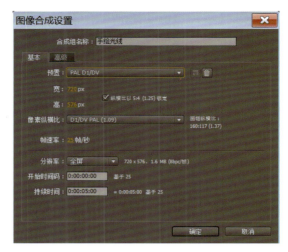

图2-2   图2-3

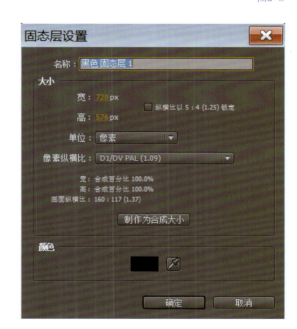

图2-4   图2-5

图2-6

⑥双击"黑色固态层1",进入"黑色固态层1"的图层面板,选择"画笔"工具在"黑色固态层1"中绘制(图2-7)。

图2-7

⑦在"绘图"面板中设置模式：正常或叠加；通道：RGBA；长度：恒定（图2-8）。

⑧选择"画笔"工具在层面板中进行绘制，注意要灵活改变"画笔"面板中的"直径""角度""圆角度""锐度""颜色""流量""硬度""柔角""倾斜度"等参数（图2-9）。

图2-8

图2-9

⑨绘制出如图2-10所示的七彩短线。

⑩关闭"黑色固态层1"的图层面板，按住快捷键"S"，打开固态层的比例属性，将线朝 x 轴方向拉长，参数为"3000，100%"（图2-11）。

⑪制作位置动画，按快捷键"P"，会出现位置属性，在第0帧修改参数为"−10700，288"，并记录关键帧信息（图2-12）。

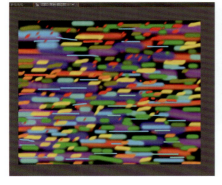

图2-10

图2-11

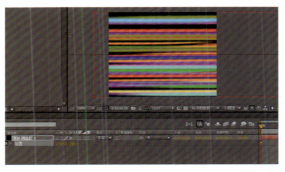

图2-12

⑫在第3秒位置修改参数为"12000，288"，并记录关键帧信息。敲击小键盘0键查看动画效果（图2-13）。

⑬在项目面板的灰色区域单击鼠标右键，导入图片（魔术师）素材（图2-14）。

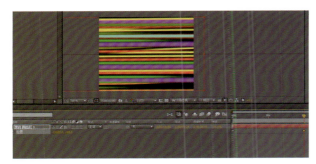

图2-13　　　　　　　　　　　　　　　　　　　　　　　　　图2-14

⑭选择"魔术师"图片，将其拖拽到下方"新建合成"按钮，会建立一个和图片名称相同的合成，将其名称更改为"光线效果"（图2-15）。

⑮将手绘光线合成拖拽进光线效果合成，并放置在"魔术师"图片的上方（图2-16）。

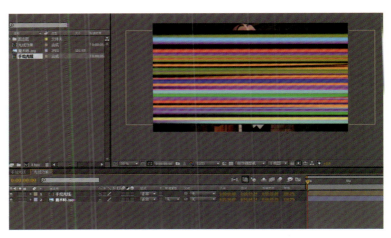

图2-15　　　　　　　　　　　　　　　　　　　　　　　　　图2-16

⑯将手绘光线的图层模式由"正常"改为"叠加"模式（图2-17、图2-18）。

⑰选择手绘光线图层点击鼠标右键，选择"效果"→"Distort（扭曲）"→"Bezier Wrap（贝兹曲线）"（图2-19）。

⑱调整Bezier控制点，制作简单的平面扭曲，将角度调整圆滑，尽量减少锯齿的出现，可以将品质设为"10"（图2-20）。

图2-18

图2-17　　　　　　　　　　　　　图2-19　　　　　　　　　　　　　图2-20

⑲选择手绘光线图层，单击鼠标右键添加"风格化"→"辉光"（图2-21、图2-22）。

⑳调整参数。发光阈值：50%；辉光半径：40；辉光强度：1（图2-23）。

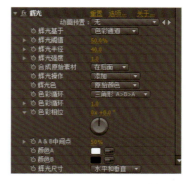

图2-21　　　　　　　　　　　　　　　　图2-22

图2-23

㉑按住快捷键"Ctrl+D"复制手绘光线图层，调整上方的手绘光线图层的不透明度为"23%"（图2-24）。

图2-24

㉒敲击小键盘0键查看动画效果。

㉓单击菜单栏中的"图像合成"面板中的"制作影片"。

㉔在弹出的"渲染队列"中设置"输出组件"的格式为"F4V（H.264）"，并设置输出路径及名称，单击"渲染"。

2.流光效果

本案例主要讲解流光效果动画的制作。首先用分形噪波特效制作线条效果，并通过调整线条的贝兹弯曲制作出曲线效果，然后添加"3D Stroke"插件和辉光特效，制作出流光效果，完成动画。本案例最终的动画效果如图2-25所示。

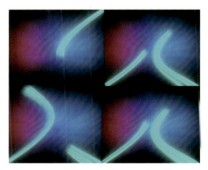

图2-25

1）学习目标

①掌握分形噪波特效的使用。

②学会"3D Stroke"插件的使用。

2）操作步骤

①新建一个名为"流动光线"的合成，时间长度：5秒；制式：PAL值；大小：720px × 576px（图2-26）。

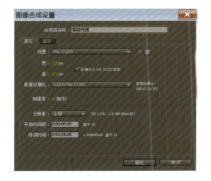

图2-26　　　　　　　　　　　　　　　　　　图2-27

②导入所需要的图片素材，将"渐变背景"图片文件拖入时间线中（图2-27）。

③调整"渐变背景"图片的比例，匹配合成窗口大小（图2-28）。

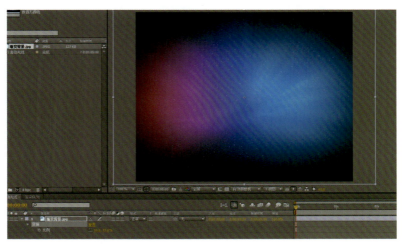

图2-28

④按住快捷键"Ctrl+Y"，新建一个"黑色固态层"，将其名称修改为"分形噪波"（图2-29）。

⑤选择"分形噪波"固态层，单击鼠标右键为其添加"效果"→"噪波与颗粒"→"分形噪波"（图2-30）。

图2-29

图2-30

⑥调整参数"分形噪波"的参数。分形类型：基本；噪波类型：柔和线性；对比度：206；溢出：HDR效果使用；打开"变换"，取消"统一比例"的勾选。缩放宽度：20，缩放高度：6000；在第0帧到第3秒处设置"演变"的关键帧动画，第0帧"演变"值为"0"，单击关键帧按钮记录关键帧信息；第3秒处"演变"值为"10圈"，记录关键帧信息（图2-31）。

⑦按住快捷键"Ctrl+Y"，新建一个"黑色固态层"，取名"黑色固态层2"（图2-32）。

⑧选择"黑色固态层2"，将其图层位置调整至"分形噪波"的下方，并为"轨道蒙版①"设置

---

① 有的软件也作"蒙板"，本书统一称为"蒙版"。——编辑注

为"亮度蒙版'分形噪波'"（图2-33）。

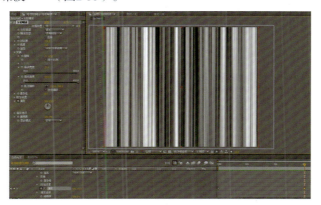

图2-31

图2-32

图2-33

⑨选择图层"分形噪波""黑色固态层2"，按住快捷键"Ctrl+Shift+C"，将其转化成合成，并命名为"合成1"（图2-34）。

⑩选择"合成1"，将其横向的比例设置为"25%"，选择该图层单击鼠标右键为其添加"效果"→"生产"→"填充"。颜色设置为R：34；G：166；B：199（图2-35）。

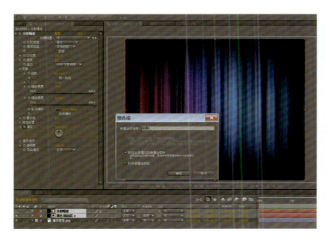

图2-34

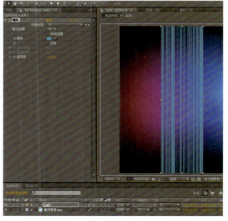

图2-35

⑪选择"合成1"图层，为其添加特效，"菜单栏"→"效果"→"扭曲"→"贝塞尔弯曲"，调节其控制点（图2-36）。

⑫按住快捷键"Ctrl+Y"，新建一个"黑色固态层"，命名为"3D Stroke"（图2-37）。

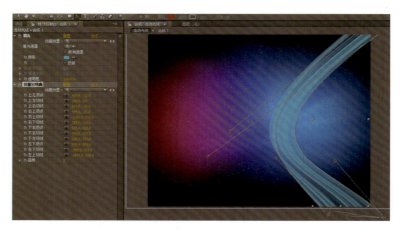

图2-36

图2-37

⑬选择固态层"3D Stroke"，为其添加特效："菜单栏"→"效果"→"Trapcode"→"3D Stroke"；使用"钢笔"工具，绘制一条路径，调节曲度（图2-38）。

⑭选择固态层"3D Stroke"，调节其参数。颜色：白色；厚度：70.8；羽化：100。在第0帧到第3秒处设置"偏移"的关键帧动画，第0帧"偏移"值为"-100"，单击关键帧按钮记录关键帧信息；第3秒处"偏移"值为"100"，记录关键帧信息（图2-39）。

⑮选择"合成1"，并为其"轨道蒙版"设置为"Alpha蒙版'3D Stroke'"（图2-40）。

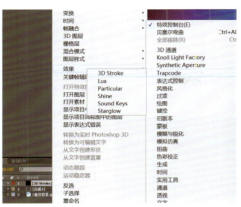

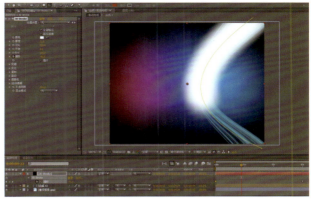

图2-38

图2-39

图2-40

⑯选择图层"3D Stroke""合成1"，按住快捷键"Ctrl+Shift+C"，将其转化成合成，并命名为"合成2"（图2-41）。

⑰选择"合成2"，为其添加"辉光"效果，选择"合成2"图层；单击鼠标右键："效果"→"风格化"→"辉光"（图2-42）。

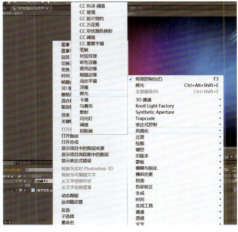

图2-41

图2-42

⑱设置"辉光"的属性。辉光阈值：60%；辉光半径：32；辉光强度：1.1（图2-43）。

⑲选择"合成2"图层，按住快捷键"Ctrl+D"，复制一个"图层2副本"，在"图层2副本"中找到"旋转"，设置其旋转角度为"180°"，并将其时间线处开始时间延后至1秒（图2-44）。

⑳"合成2"和"图层2副本"，按住快捷键"Ctrl+Shift+C"，将其转化成合成，并命名为"合成3"（图2-45）。

图2-43

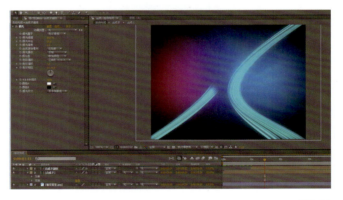

图2-44

图2-45

㉑选择"合成3"，按住快捷键"Ctrl+D"，复制一个"图层3副本"，为其添加特效，"菜单栏"→"效果"→"模糊与锐化"→"快速模糊"（图2-46）。

㉒设置"快速模糊"的参数。模糊量：106；模糊方向：水平和垂直（图2-47）。

㉓敲击小键盘0键查看动画效果。

㉔鼠标右键单击菜单栏中的"图像合成"面板中的"制作影片"。

㉕在弹出的"渲染队列"中设置"输出组件"的格式为"F4V（H.264）"，并设置输出路径及名称，单击"渲染"。

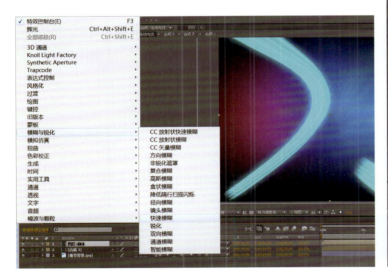

图2-46

图2-47

第四课　遮罩与抠像

课时： 8课时

要点： 了解遮罩和抠像在影视特效中的意义，掌握相关的操作技巧。

遮罩是AE合成的关键之一。遮罩是一个用路径工具绘制的封闭区域，它位于图层之上，本身不包含图像数据，只是用于控制图层的透明区域和不透明区域。在这个路径轮廓以内是不透明区，在路径以外是透明区，当对图层进行操作时，被遮挡的区域不会受到影响。如果不是闭合曲线，那就只能作为路径使用，通常Stroke滤镜就是利用遮罩路径来制作的。

建立遮罩的方法如下：

①"工具栏"→"遮罩工具"（矩形、椭圆、星形等）可以通过使用右侧的"钢笔"工具进行调整，可以添加或删除节点。转化节点可以对节点进行调整。如果图像比较复杂，可以将"钢笔"工具下方的"曲线贝塞尔"打开；如果图片的内容有头发等物体，可以调整"羽化"值。

遮罩如果做非常精细的遮挡会比较麻烦，因此适合做大幅面轮廓的遮幅。一个图层可以做多个遮罩，路径之间可以做加、减、交、亮、暗、差等效果（图2-48、图2-49）。

图2-48

图2-49

遮罩属性包括遮罩的形状、遮罩的羽化、遮罩的不透明度、遮罩的阔边。

②在合成窗口中，选择需要建立遮罩的图层（素材层、文字层、固态层），单击鼠标右键，选择"遮罩"，再单击"新建遮罩"（图2-50）；或者在菜单栏中选择图层，单击图层下方的"遮罩"，选择"新建遮罩"（图2-51）。

图2-50

图2-51

这里有一些小窍门。

等比缩小放大遮罩：使用选择工具，将鼠标移到边框上面，按"Shift+Ctrl"键可以等比缩放遮罩大小。

选择所有节点：在按"Alt"键的同时选择其中一个节点。

显示遮罩的快捷键是M，连续按两次显示其所有属性。

在AE里边它是用黄色的线框来显示遮罩的，合成下方有一个开关可以关闭遮罩显示。关闭遮罩显示并不代表删除了遮罩，只是不用黄色线框显示出来，遮罩还是存在的。

1.基础遮罩

本案例讲解利用遮罩路径制作基础遮罩动画。本案例最终的动画效果如图2-52所示。

图2-52

1）学习目标

①掌握遮罩的添加方法并利用钢笔工具编辑遮罩。

②遮罩属性动画制作。

2）操作步骤

①新建"合成1"，时间长度：14秒；制式：PAL值；大小：720px×576px（图2-53）。

②导入所需要的图片素材和动态视频素材，将图片文件拖入时间线中（图2-54）。

图2-53

图2-54

③将动态天空素材转化为三维层，用旋转工具调整它的透视角度，按住快捷键"Ctrl+D"，复制图片素材（图2-55）。

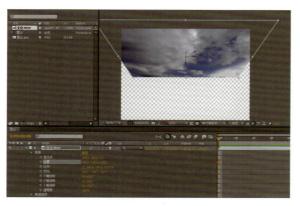

图2-55

④将图层3的天空素材重新命名为"湖波"，将图层2的雪山素材重新命名为"雪山"（图2-56）。

⑤选择"雪山"图层为其添加遮罩。使用钢笔工具沿着山峰的轮廓描绘遮罩，可以将合成窗放大；同时，按住空格键对合成窗口进行移动，以方便操作（图2-57）。

⑥继续完成遮罩的绘制。选择遮罩，单击鼠标右键，找到遮罩属性，将"遮罩羽化"值改为"2"（图2-58）。

图2-56

图2-57

图2-58

⑦调整图层关系，如果有遮挡，可以配合图层最前方的"眼睛"工具使用。选中"湖波"图层，沿着"水"的轮廓绘制遮罩。选择遮罩，单击鼠标右键，在"湖波"图层的遮罩属性中找到"遮罩羽化"，将参数修改为"2"（图2-59）。

⑧选择"湖波"图层，单击鼠标右键为其添加"效果"特效中的"扭曲"→"波形弯曲"。修改以下参数：波浪高为"4"，波浪宽为"20"，方向为"155°"，波浪速度为"0.7"。为"相位"调整动画，第0帧处相位为"25"，第4秒处相位为"140"，第8秒处相位为"200"，第12秒处相位为"0"（图2-60）。

⑨敲击小键盘上的0键播放查看最终动画效果（图2-61）。

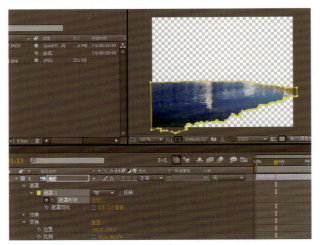

图2-59

图2-60

图2-61

⑩单击菜单栏中"图像合成"面板中的"制作影片"。

⑪在弹出的"渲染队列"中设置"输出组件"的格式为"F4V（H.264）"，并设置输出路径及名称，单击"渲染"。

2.Keylight（1.2）抠像

　　抠像是把人或者物体从背景中单独抠出来（其背景为透明背景），以方便合成需要的背景或特效。我们看过的经典影视特效大片，如《星球大战》、《指环王》（图2-62）、《阿凡达》等，里面有些镜头根本无法通过直接拍摄得到。因此，其中很多镜头都是在有蓝色或绿色背景的专业影棚内拍摄完成的，再依靠后期合成技术实现。这些室内拍摄的人物或镜头经抠像后与各种景物叠加在一起，才能达到让我们感到震撼的神奇效果。

　　After Effects CS6的键控中有11种常见的抠像方法（图2-63）。下面我们就来了解这些常见的抠像特效。

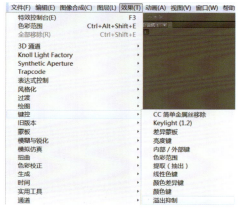

图2-62　　　　　　　　　　　　　　　　　　　　　　　　　　　图2-63

　　①CC简单金属丝移除：此特效可以将拍摄特技镜头时使用的钢丝快速地擦除掉，这是影片抠像中常用的特效工具。

　　②Keylight（1.2）：Keylight（1.2）是较常见的抠像插件，它是基于色阶或对比度的模式采进行抠像操作的。Keylight（1.2）抠取毛绒的软边较为出色，有时需要配合遮罩一起使用。虽然Keylight（1.2）使用方便、操作简单，但这个插件可以解决大部分抠像问题，非常实用。

　　③差异蒙版：可以通过对比两层的颜色值，键出相应的位置和颜色相同的像素。最典型的应用是静态背景、固态摄像机、固定镜头和曝光，这时只需要一帧背景素材，然后让对象在场景中移动就可完成。

　　④亮度键：适合明暗反差很大的图像，使背景透明。亮度键设置某个亮度值为"阈值"，低于或高于这个值的亮度设为"透明"。

　　⑤内部/外部键：需配合遮罩使用，适用于动感不是很强的影片。它对处理毛发的效果很好。

　　⑥色彩范围：可以通过去除Lab、YUV或RGB模式中指定的颜色范围来产生透明效果；可以应用于处理背景包含多种颜色、背景亮度不均匀和包含相同颜色的阴影（玻璃或烟雾等）的素材。

　　⑦提取（抽出）：根据制定一个亮度范围来产生透明，亮度范围的选择基于通道的直方图，提取键控使用于以白色或黑色为背景拍摄的素材，或者前、后背景亮度差异较大的情况，可消除阴影。

　　⑧线性色键：是一个标准的线性键，线性键可包含半透明的区域。线性键根据RGB彩色信息或Hue色相及Chroma饱和度信息，与指定的键控色进行比较，产生透明区域。

⑨颜色差异键：把图像划分为两个蒙版透明效果。局部蒙版B使指定的抠像颜色变为透明，局部蒙版A使图像中不包含第二种不同颜色的区域变为透明。这两种蒙版效果联合起来就得到最终的第三种蒙版效果，即背景变为透明。

⑩颜色键：单一的背景颜色可称为"键控色"。当选择了一个键控色（即"吸管"工具吸取的颜色），应用颜色键，被选颜色部分变为透明。与此同时，可以控制键控色的相似程度，调整透明的效果。还可以对键控的边缘进行羽化，消除"毛边"的区域。

⑪溢出抑制：可以去除键控后的图像残留的键控色的痕迹。溢出抑制器用作去除图像边缘溢出的键控色，这些溢出的键控色常常是背景的反射造成的。

下面用案例讲解如何利用Keylight（1.2）进行抠像。本案例最终的效果如图2-64所示。

图2-64

1）学习目标

掌握Keylight（1.2）进行抠图的方法。

2）操作步骤

①新建一个名为"合成1"的合成。时间长度：5秒；制式：PAL值；大小：720px × 576px（图2-65）。

②双击项目窗口下方的灰色区域，导入所需要的素材（图2-66）。

图2-65   图2-66

③将需要抠图的"背影"图片素材拖入下方时间线中。选中"背影"图层，按住快捷键"S"，将图片适当缩小（图2-67）。

④选中"背影"图层，单击鼠标右键，为图层添加"效果"中的"键控"，并选择"Keylight（1.2）"（图2-68）。

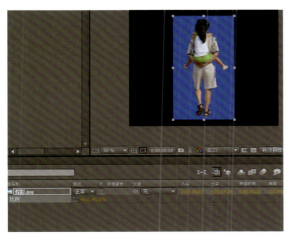

图2-67 图2-68

⑤在添加特效控制窗口中，单击屏幕色旁边的"吸管"工具（图2-69）。

⑥抠图完毕（图2-70）。

⑦将"草地"素材拖入时间线，调整到"背影"图层下方。按住快捷键"S"，分别调整两个素材大小（图2-71）。

图2-69

图2-70   图2-71

3.线性颜色抠像

本案例讲解如何利用线性颜色进行抠像。本案例最终的效果如图2-72所示。

图2-72

1）学习目标

掌握使用线性颜色进行抠像的方法。

2）操作步骤

①新建一个名为"流光"的合成。时间长度：5秒；制式：PAL值；大小：720px × 576px（图2-73）。

②双击项目窗口下方的灰色区域，导入所需要的素材（图2-74）。

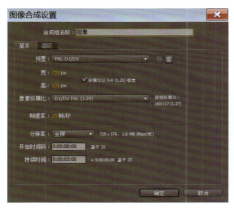

图2-73 图2-74

③将需要抠图的图片素材拖入下方时间线。选中"抠像"图层，按住快捷键"S"，适当缩小图片（图2-75）。

④选中"抠像"图片图层，单击鼠标右键，为图层添加"效果"中的"键控"，并选择线性颜色（图2-76）。

图2-75 图2-76

⑤在添加的"线性颜色"键控中选择"吸管+"工具，将"匹配色"调整为"使用色度"，"匹配宽容度"为"4%"，"匹配柔和度"为"2％"（图2-77）。

⑥选中"抠像"图片图层，单击鼠标右键，为图层添加"效果"中的"键控"，并选择"线性颜色"，选择"吸管"工具；单击合成窗口中有蓝色残余的地方，将"色彩精度"改为"更好"，"扣制量"为"89"（图2-78）。

⑦抠图完毕后，将需要合成的背景"森林"拖到时间线中，并将它放在图层的最下方。按住快捷键"S"，分别调整两个图层的大小，并调整到合适位置（图2-79）。

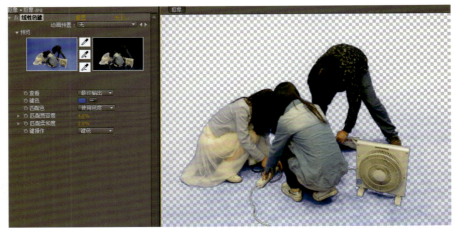

图2-77

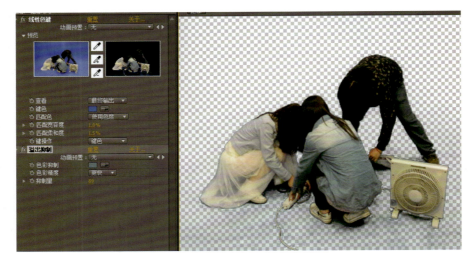

图2-78

图2-79

第五课　炫酷文字

课时： 8课时

要点： 了解AE中文字的基本属性，并结合其他特效命令制作出炫目动画，使创意得到更好的展现。

1.路径文字

本案例主要讲解利用文字属性面板制作文字的位置、大小、旋转、透明度等动画效果。本案例最终的效果如图2-80所示。

图2-80

1）学习目标

掌握文字属性面板的调节方式。

2）操作步骤

①打开AE软件，单击"文件"中的"新建"→"新建项目"（图2-81）。

②单击菜单栏中的"图像合成"，单击"新建合成组"（图2-82）。

③新建一个名为"文字属性动画"的合成。时间长度：10秒；制式：PAL值；大小：720px×576px（图2-83）。

④在工具栏上方选择文字工具，在合成窗口中输入"建筑与设计学院"（图2-84）。

⑤选择文字，在菜单栏"窗口"中勾选"文字"，在文字设置面板中设置文字的属性。字体样式：黑体；文字大小：72；颜色：白色；其他参数保持"默认"；调整文字的位置（图2-85）。

⑥选择文字图层，展开文字图层的小三角，单击"文字"属性后边的"动画"，选择"透明度"，为其添加一个"透明度动画"（图2-86）。

图2-81

图2-82

图2-83

图2-84

图2-85

图2-86

⑦设置"动画1"下边的"透明度"为"0"。点开"范围选择器1"前面的三角图标，设置"偏移"动画；在第0帧设置"偏移"值为"0"，单击"偏移"前的时间码表，记录关键帧动画；在第2秒处设置"偏移"值为"100"，单击"偏移"前的时间码表，记录关键帧动画（图2-87）。

⑧敲击小键盘中的0键，预览动画效果（图2-88）。

⑨选择"动画1"，单击"动画1"后边的"添加"，并单击"特性"栏中的"缩放"（图2-89）。

⑩设置缩放的"比例"为"1200.0，1200.0%"（图2-90）。

图2-87

图2-88

图2-89

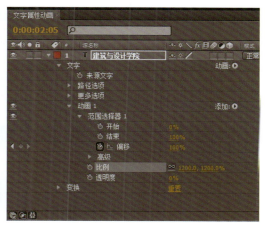

图2-90

⑪敲击小键盘中的0键，预览动画效果（图2-91）。

⑫选择"动画1"，单击"动画1"后边的"添加"，并单击"特性"栏中的"旋转"（图2-92）。

⑬设置"旋转"为"-2"，按小键盘中的0键，预览动画效果（图2-93）。

⑭单击"文字"属性后边的"动画"，选择"定位点"，为其添加一个"定位点"动画（图2-94）。

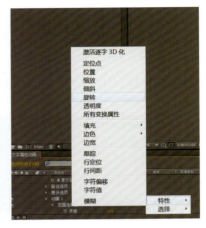

图2-91　　　　　　　　　　　　　　　　　　　　　图2-92

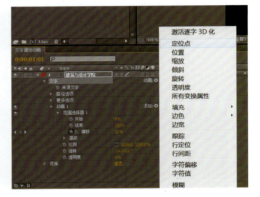

图2-93　　　　　　　　　　　　　　　　　　　　　图2-94

⑮设置"定位点"参数，动画2中的定位点为"0，-25"（图2-95）。

⑯选择文字层为其添加"效果"，选择"时间"中的"拖尾"特效（图2-96）。

图2-95　　　　　　　　　　　　　　　　　　　　　图2-96

⑰设置"拖尾"特效参数。重影数量：4；衰减：0.37（图2-97）。

⑱选择文字层为其添加"效吴"，选季"透视"中的"斜面Alpha"特效并设置参数。边缘厚度：3.1；照明角度：-25°；照明色：R：255，G：34，B：34；照明强度：0.75（图2-98）。

⑲按住快捷键"Ctrl+Y"，新建一个"固态层"，设置固态层的颜色。R：32，G：168，B：213（图2-99）。

⑳将固态层放在文字层的下方，使用"矩形遮罩工具"在固态层上创建矩形遮罩，并打开遮罩面板，勾选"遮罩1"后边的"反转"（图2-100）。

㉑敲击小键盘中的0键，预览动画效果。

㉒单击菜单栏中的"图像合成"面板中的"制作影片"。

㉓在弹出的"渲染队列"中设置"输出组件"的格式为"F4V（H.264）"，并设置输出路径及名称，单击"渲染"。

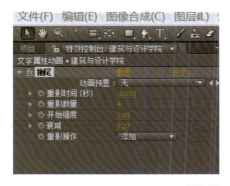

图2-97

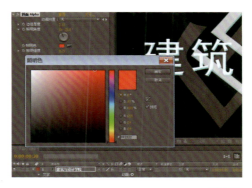

图2-98

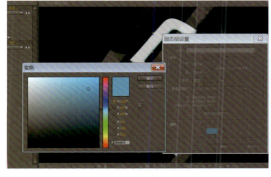

图2-99

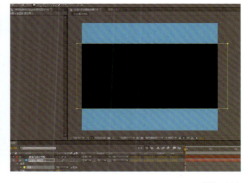

图2-100

2.光斑文字

本案例主要讲解利用文字的动画面板添加偏移、比例、透明度、模糊等动画效果，并为动画添加镜头光斑效果。本案例最终的效果如图2-101所示。

图2-101

1）学习目标

①为文字添加动画（偏移、比例、透明度、模糊）效果。

②为文字动画添加镜头光斑效果。

2）操作步骤

①新建一个名为"合成1"的合成。时间长度：5秒；制式：PAL值；大小：720px×576px（图2-102）。

②在工具栏上方选择"文字"工具，在合成窗口中输入"My Chinese Dream"。选择"文字"，在文字窗口中，设置文字的属性。字体：微软雅黑；字体样式：黑体；文字大小：50；颜色：白色。调整文字的位置（图2-103）。

图2-102

图2-103

③选择文本图层，打开下边的文字属性。单击动画后边的展卷栏，为文本添加"缩放"属性（图2-104）。

④单击"动画1"后边的"添加展卷"栏，为"动画1"添加"透明度""模糊"属性（图2-105）。

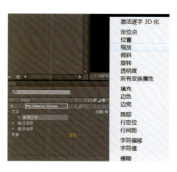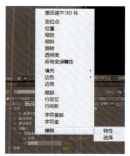

图2-104　　　　　　　　　　图2-105　　　　　　　　　　图2-106

⑤打开"文字"属性下方的"更多选项"。在其中找到"定位点编组"，将设置改为"行"，设置"编组对齐"为"1%，−55%"（图2-106）。

⑥单击"动画1"，调整"范围选择器"中"高级"属性中"形状"为"上倾斜"（图2-107）。

图2-107

⑦分别修改"动画1"下方的"比例""透明度""模糊"的参数。"比例"为"550%"，"透明度"为"0%"，"模糊"为"240"（图2-108）。

图2-108

⑧在"动画1"的"范围选择器1"中找到"偏移"。在第0帧处设置偏移值为"0%"，在第3秒处设置偏移值为"0%"。敲击小键盘中的0键，预览动画效果（图2-109）。

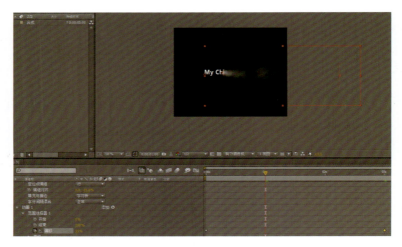

图2-109

⑨用鼠标双击项目窗口的灰色区域，导入一张背景图片，将它拖入文本图层的下方，按住快捷键"S"，调整其大小（图2-110）。

⑩按住快捷键"Ctrl+Y"，新建一个"黑色固态层"，设置其名字为"黑色固态层1"（图2-111）。

图2-110

图2-111

⑪选择"固态层"，鼠标右键单击"效果"中的"Knoll Light Factory"（光工厂插件），选择其中的"Light Factory EZ"（镜头光斑）（图2-112）。

⑫将"黑色固态层1"的叠加模式改为"屏幕"（图2-113）。

⑬设置镜头光斑的"亮度"为"127"，"比例"为"0.85"，"颜色"的RGB值为"55，30，244"，光斑类型为"105 mm"，光源大小为"42"。设置第0帧处的光源位置为"−24，320"，并记录其关键帧信息（图2-114）。

⑭设置第3秒处的光源位置为"817，320"，并记录其关键帧信息（图2-115）。

图2-112

图2-113

图2-114

图2-115

⑮敲击小键盘上的0键播放查看动画效果。

⑯单击菜单栏中的"图像合成"面板中的"制作影片"。

⑰在弹出的"渲染队列"中设置"输出组件"的格式为"F4V（H.264）"，并设置输出路径及名称，单击"渲染"。

3.肌理文字

本案例主要讲解如何利用效果中的色彩校正、调节图层模式中的亮度蒙版、透视中的斜面Alpha、阴影等制作动画效果。本案例最终的效果如图2-116所示。

图2-116

1）学习目标

①掌握效果中的色彩校正。

②调节图层模式中的"亮度蒙版"。

2）操作步骤

①新建一个名为"合成1"的合成，时间长度：5秒；制式：PAL值；大小：720px×576px（图2-117）。

②用鼠标双击项目窗口的灰色区域，导入肌理图片和背景图片，将这两个文件拖入时间线。按住快捷键"S"，调整其大小（图2-118）。

图2-117

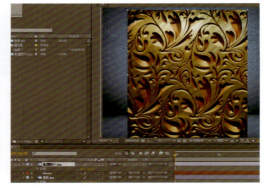

图2-118

③在工具栏上方选择文字工具，在合成窗口中输入"Dream"。选择文字，在文字窗口中，设置文字的属性。字体：Poplar Std；字体样式：Black；文字大小：240；字符跟踪：130；水平比例：117%；颜色的RGB：25，180，13。调整文字的位置（图2-119）。

图2-119　　　　　　　　　　　　　　　　　　　　　　　　　　　　图2-120

④调整图层的位置，将肌理图层放置在"文字Dream图层"上方（图2-120）。

⑤选择肌理图层，单击鼠标右键为其添加效果中的色彩校正，为其添加"色相位/饱和度"（图2-121）。

⑥将"色相位/饱和度"中的"主饱和度"设置为"0"（图2-122）。

图2-121　　　　　　　　　　　　　　　　　　　　　　　　　　　　图2-122

⑦选择"文字Dream图层"，将图层模式后的"无轨道蒙版"设置为"亮度蒙版'肌理图片5.jpg'"（图2-123）。最终效果是采用半透明的纹理的亮度来显示文字效果（图2-124）。

图2-123

61

图2-124

⑧选择肌理图层，单击鼠标右键为其添加效果中的"色彩校正"，为其添加"曲线"，调整曲线（图2-125）。

⑨选择文字图层，按住快捷键"Ctrl+D"，复制一份文字图层"Dream复制"。将图层模式后的"亮度蒙版"设置为"无轨道蒙版"，并调整图层关系（图2-126）。

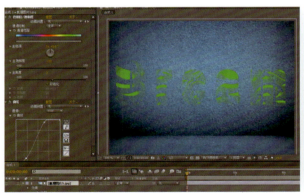

图2-125

图2-126

⑩选择"Dream复制"图层，将文字的颜色RGB修改为"46，25，5"（图2-127）。

图2-127

⑪用"选择"工具移动贴图的位置以达到合适的贴图效果；同时，选中"肌理图片"和"Dream复制"图层，按住快捷键"Ctrl+Shift+C"，将两个图层合并为"预合成1"，将"预合成1"的名称修改为"肌理文字特效"（图2-128）。

⑫选择合成"肌理文字特效"，单击鼠标右键为其添加"效果"→"透视"，并选择其中的"斜面Alpha"（图2-129）。

⑬设置合成"肌理文字特效"的"斜面Alpha"的参数。"边缘厚度"为"2.7"，"照明角度"为"–34°"，照明强度为"1.00"（图2-130）。

⑭选择"Dream复制"图层，单击鼠标右键为其添加"效果"→"透视"（图2-131），并选择其中的"阴影"，设置其中的参数。"透明度"为"48%"，"方向"为"109°"，"距离"为"23"，"柔和"为"28"（图2-132）。

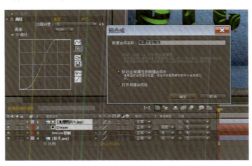

图2-128

图2-129

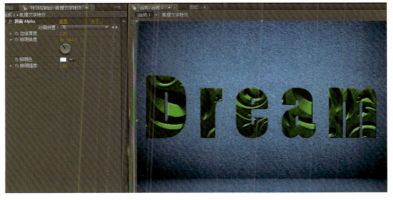

图2-130

图2-131

图2-132

⑮选择"Dream复制"图层，单击鼠标右键为其添加"效果"→"透视"，并选择其中的"斜面Alpha"，设置其中的参数。"边缘厚度"为"4.3"，"照明角度"为"-23°"，"照明色"的RGB为"252，250，66"，"照明强度"为"0.92"（图2-133）。

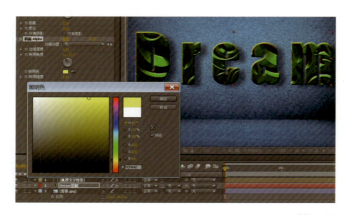

图2-133

第六课　粒子特效

课时： 8课时

要点： 粒子是动力学的一部分，在影视特效中的使用非常频繁。粒子有很多种表现形式，可制作水花、火焰、烟雾、沙尘等。通过学习本课，让学生了解粒子生长消亡的过程，借助不同命令制作各异的粒子形态。

1.镜头雨点

本案例主要讲解利用"模拟仿真"特效中的"CC水银滴落"制作雨滴效果。本案例最终的效果如图2-134所示。

图2-134

1）学习目标

掌握"模拟仿真"特效中的"CC水银滴落"。

2）操作步骤

①新建一个名为"合成1"的合成。时间长度：5秒；制式：PAL值；大小：720px×576px（图2-135）。

②用鼠标双击项目窗口的灰色区域，导入需要的"天空"视频素材和"城市背景"图片（图2-136）。

③将"天空"视频素材文件拖入时间线，按住快捷键"S"，调整其大小以匹配合成窗口；选择"天空"视频单击"效果"并为其添加"模拟仿真"特效中的"CC水银滴落"，预览动画效果（图2-137）。

图2-135

图2-136

图2-137

④将"城市背景"图片拖曳到时间线，将其调整到"天空"视频的下方。按住快捷键"S"，调整其大小，使其匹配"合成窗口"（图2-138）。

图2-138

⑤选择"天空"视频图层，进入特效控制台，调整其参数：半径"X"为"100"，半径"Y"为"100"，"速率"为"0"，"出生速率"为"0.3"，"寿命"为"5.5"，"重力"为"0.1"，"圆点出生大小"为"0.08"，"圆点消逝大小"为"0.47"，"照明方向"为"60°"，"明暗"中的"扩散"为"7"（图2-139）。

图2-139

⑥敲击小键盘中的0键，预览动画效果。

⑦单击菜单栏中的"图像合成"面板中的"制作影片"。

⑧在弹出的"渲染队列"中设置"输出组件"的格式为"F4V（H.264）"，并设置输出路径及名称，单击"渲染"。

另外，有一个很好用的粒子软件推荐给读者——幻影粒子软件，即常听到的幻影粒子系统（Particles Illusion）。它是一款用来制作粒子特效的软件，凡是文字、爆破、火焰、烟火、云雾、水波、烟尘、光剑等特效，都可以使用这个软件来完成。它操作简单，可单独操作而不使用任何动画或剪辑软件辅助。我们可以导入一段影片到幻影粒子中，加上特效；也可以从幻影粒子中输出影片到动画或剪辑软件中合成。幻影粒子软件快速、方便的功能及有趣、多样化的视觉效果让人叹为观止。幻影粒子软件现已大量地应用在电影制作、影视特效上。

2.烟雾动画

本案例主要讲解利用"效果"特效，并为其添加"模拟仿真"特效中的"粒子运动"项制作烟雾动画效果。本案例最终的效果如图2-140所示。

图2-140

1）学习目标

①掌握"模拟仿真"特效中的"粒子运动"。

②掌握"粒子运动"的参数设置。

2）操作步骤

①新建一个名为"烟雾动画"的合成。时间长度：5秒；制式：PAL值；大小：720px × 576px（图2-141）。

②用鼠标双击项目窗口的灰色区域，导入需要的图片素材（图2-142）。

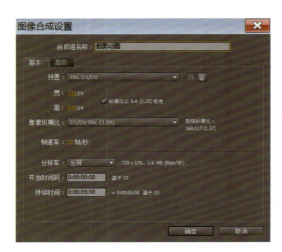

图2-141 图2-142

③将素材文件拖入时间线，按住快捷键"S"，打开"比例属性"，将图片的比例调整为"20.5，20.5%"（图2-143）。

图2-143

④按住快捷键"Ctrl+Y"，新建一个"黑色固态层"（图2-144），将其名称修改为"烟雾载体"（图2-145）。

图2-144　　　　　　　　　　　　　　　　图2-145

⑤选择"烟雾载体"固态图层，单击"效果"，并为其添加"模拟仿真"特效中的"粒子运动"（图2-146）。

⑥使用"选择"工具，将粒子的发射器挪到如图2-147所示的位置。

图2-146　　　　　　　　　　　　　　　　图2-147

⑦打开特效控制台，修改"粒子运动'的参数。

在"发射"属性中，设置"位置"为"360，288"，"粒子/秒"为"63"，"随机扩散方向"为"16"，"速度"为"71"，"随孔扩散速度"为"3"，"颜色"为"白色"。

在"重力"属性中，设置"力"为"－3"，"随机扩散"为"0.06"，"方向"为"82°"。

在"重力"属性的"反击"中设置"旧/新"为"0.4"，"平均羽化"为"0.25"（图2-148）。

⑧选择"烟雾载体"固态图层，单击"效果"并为其添加"模糊与锐化"特效中的"快速模糊"（图2-149）。

⑨将"模糊量"设置为"8"，敲击小键盘中的0键，预览动画效果（图2-150）。

图2-148   图2-149

图2-150

⑩单击菜单栏中的"图像合成"面板中的"制作影片"。

⑪在弹出的"渲染队列"中设置"输出组件"的格式为"F4V（H.264）"，并设置输出路径及名称，单击"渲染"。

第七课 爆炸效果

课时: 8课时

要点: 为了避免让演员处于危险的境地,减少电影的制作成本,爆炸场面通常通过实拍与后期技术相结合的方式制作出炫目的效果。AE中爆炸特效的制作功能也十分强大,可以制作出真实、震撼的视觉效果。本课通过几个简单的案例给学生介绍一下爆炸效果的制作方法。

1.爆炸特效模拟

本案例主要讲解利用"效果"特效,并为其添加"模拟仿真"特效中的"碎片"项来制作爆炸动画效果。本案例最终的效果如图2-151所示。

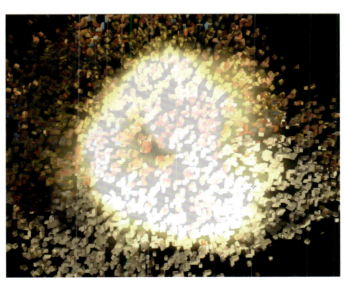

图2-151

1）学习目标

①学会设置"碎片"特效的参数。

②掌握用幻影粒子软件制作爆炸火光动画。

2）操作步骤

①在3D Max文件中制作一个"场景"文件，将其存储为带Alpha透明通道的png图片（图2-152）。

②打开AE文件，新建一个名为"爆炸特效"的合成。时间长度：5秒；制式：PAL值；大小：720px×576px（图2-153）。

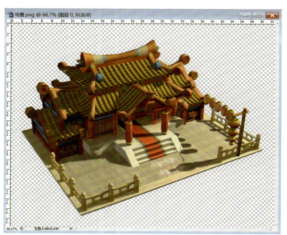

图2-152   图2-153

③在项目窗口的灰色区域双击鼠标右键，导入已经做好的"场景"png图片（图2-154），将其拖曳到时间线中。按住快捷键"S"，调整"场景"图片的大小，以适应合成窗口（图2-155）。

图2-154   图2-155

④选择素材层为其添加"效果"，选择"模拟仿真"中的"碎片"特效（图2-156）。

⑤设置"碎片"特效的参数，将"查看"后的预览模式切换为"渲染"模式；在"外形"中找到"图案"，设置碎片的"图案"为"正方形和三角形"，"反复"为"40"，"焦点"为"750，592"；在"焦点1"中设置位置为"750，592"，"半径"为"0.62"，"强度"为"3.2"；在"物理"中设置"旋转逗度"为"0.41"，"滚动轴"为"XY"，"随机度"为"0.65"，"重力"为"10.9"，"重力方句"为"193°"，"重力倾斜"为"24"；在"质感"中设置"正面图层"和"背面图层"均为"场景"图片；在"质感"中设置"漫反射"为"0.68"（图2-157）。

⑥敲击小键盘中的0键，预览爆炸动画效果。我们发现只有爆炸碎片的特效不够真实（图2-158）。

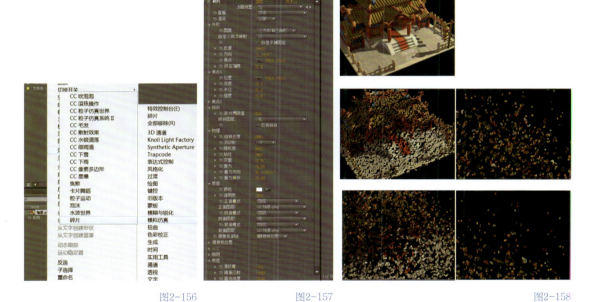

图2-156　　　　　　　　图2-157　　　　　　　　图2-158

⑦打开幻影粒子软件，制作爆炸火光特效（图2-159）。

⑧在右侧的粒子库"经典01"中找到"Explosions"粒子，因为AE中制作的爆炸动画是从第8帧开始的，所以在工具栏的右侧找到当前帧，将当前帧设置为"8"。单击鼠标左键，将粒子放在左侧方框内（图2-160）。

⑨在左侧设置栏中，会看到如"生命""数量""大小""速度""重力"等参数。

A.单击"数量"属性，在第1、8、13帧的位置设置"数量"为"128%"，在18帧的位置设置"数量"为"0%"（图2-161）。

B.单击"大小"属性，在第1帧的位置设置"大小"为"237%"，在28帧的位置设置"大小"为"282%"（图2-162）。

C.单击"速度"属性，将"速度"全部设置为"431%"（图2-163）。

D.单击"重力"属性，在第1帧的位置设置"重力"为"75%"，在29帧的位置设置"重力"为"55%"，在106帧的位置设置"重力"为"181%"（图2-164）。

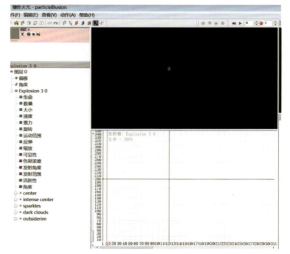

图2-159

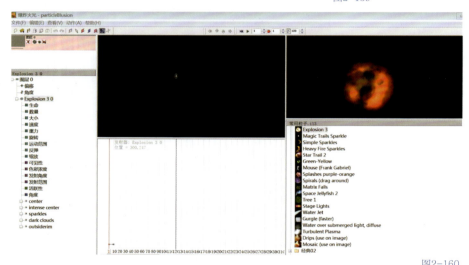

图2-160

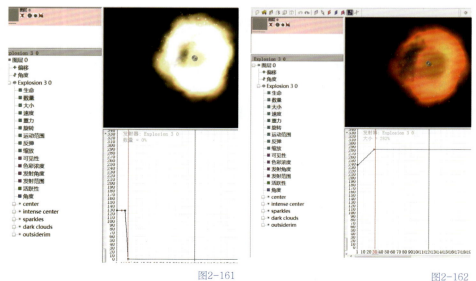

图2-161　　　　　　　　　　　　图2-162

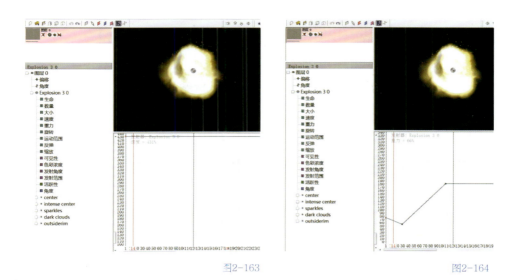

图2-163　　　　　　　　　　　　　　　　　　　　　　图2-164

⑩预览无误后，单击工具栏后方红色按钮选择"输出"。在输出位置里选择格式为"JPG"；渲染输出序列图片，关闭幻影粒子软件（图2-165）。

⑪打开"爆炸特效"合成，在项目窗口的灰色区域双击鼠标右键，导入爆炸序列图片，勾选下方的"JPEG序列"（图2-166）。

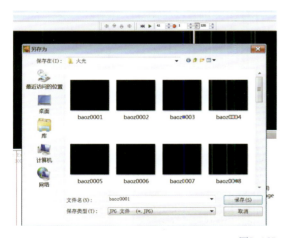

图2-165　　　　　　　　　　　　　　　　　　　　　　图2-166

⑫将爆炸序列图片拖曳到下方的时间线，将图层模式改为"添加"。

A.按住快捷键"P"，将序列文件的"位置"属性打开，将位置坐标调整为"531，374"。

B.按住快捷键"S"，将序列文件的"比例"属性打开，将比例参数调整为"251，251%"。

C.按住快捷键"T"，将序列文件的"透明度"属性打开，在第24帧处将"透明度"调整为"80%"，并记录关键帧信息；在第1分02秒处将"透明度"调整为"40%"，并记录关键帧信息（图2-167）。

⑬敲击小键盘中的0键，预览动画效果。

⑭单击菜单栏中的"图像合成"面板中的"制作影片"。

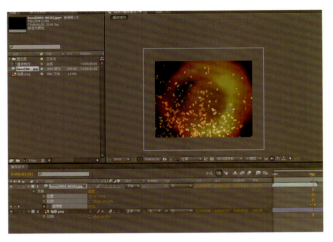

图2-167

⑮在弹出的"渲染队列"中设置"输出组件"的格式为"F4V（H.264）"，并设置输出路径及名称，单击"渲染"。

2.爆炸文字特效

本案例主要讲解爆炸文字特效的制作，分别使用"效果"特效中的"噪波"特效、固态层的"渐变效果"调整、"效果"特效中的"碎片"特效、"风格化"中的"辉光"特效。最终的效果如图2-168所示。

图2-168

1）学习目标

①掌握"效果"特效中的"噪波"特效。

②学会设置"碎片"特效的参数。

2）操作步骤

①新建一个名为"爆炸形状"的合成。时间长度：5秒；制式：PAL值；大小：720px × 576px

（图2-169）。

②按住快捷键"Ctrl+Y"，新建一个"黑色固态层"，设置固态层的名称为"黑色固态层1"（图2-170）。

图2-169

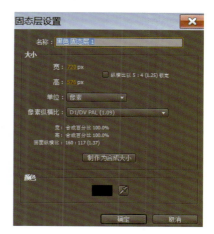
图2-170

③选择固态层，为其添加"效果"，选择"噪波与颗粒"中的"噪波"项（图2-171）。

④调整"噪波"的参数，"噪波数量"为"100%"，取消"使用彩色噪波"和"限制值"的勾选（图2-172）。

图2-171

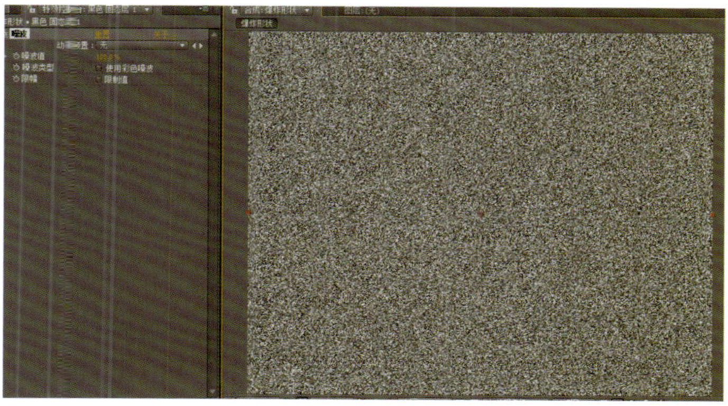

图2-172

⑤新建一个名为"渐变效果"的合成。时间长度：5秒；制式：PAL值；大小：720px × 576px（图2-173）。

⑥按住快捷键"Ctrl+Y"，在"渐变效果"合成中新建一个"黑色固态层"。设置固态层的名称为"黑色固态层2"，选择该固态层单击鼠标右键，为其添加"效果"→"渐变"→"生成"（图2-174）。

⑦调整"渐变开始"和"渐变结束"的参数值，分别为"−249，700"，"678，674"（图2-175）。

⑧新建一个名为"爆炸效果"的合成。设置时间长度：5秒；制式：PAL值；大小：720px × 576px（图2-176）。

图2-173

图2-174

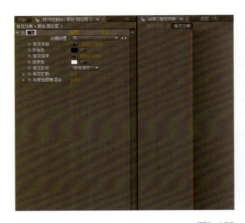

图2-175

图2-176

⑨按住快捷键"Ctrl+Y"，新建一个文字层（图2-177）。

⑩在"爆炸效果"的合成窗口输入"Special Effects"，设置文字的属性。"大小"为"80"，"字体"为"Poplar Std"，"字体颜色"的RGB为"255，145，2"（图2-178）。

图2-177

图2-178

⑪将"爆炸形状"和"渐变效果"两个合成，拖入"爆炸效果"合成的时间线，放置在文字层的下方（图2-179）。

⑫选择文字层为其添加"效果"，选择"模拟仿真"中的"碎片"特效（图2-180）。

图2-179　　　　　　　　　　　　　　　　　　　图2-180

⑬关闭"爆炸形状"和"渐变效果"两个图层的显示（图2-181）。

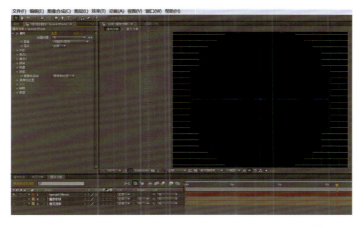

图2-181

⑭将查看后的"线框图+聚焦"预览模式改为"渲染"；设置"外形"中的"图案"为"自定义"（图2-182）；设置"自定义碎片映射"为"爆炸形状"（图2-183）；设置"倾斜"中的"倾斜图层"为"渐变效果"。

图2-182　　　　　　　　　　　　　　　　　　　图2-183

⑮设置"碎片界限值"的关键帧动画，在第0帧处设置"碎片界限值"为"0%"，记录关键帧信息；在第3秒处设置"碎片界限值"为"80%"，设置"物理"中的"重力"为"5.6"；按空格键预览文字的爆炸效果（图2-184）。

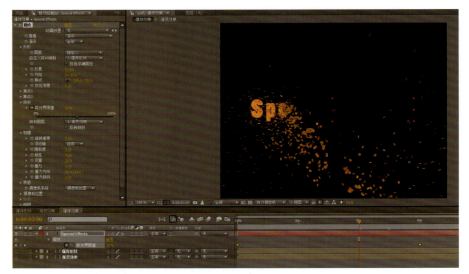

图2-184

⑯选择文字层为其添加"效果"，选择"风格化"中的"辉光"特效，使文字产生光晕的效果（图2-185）。

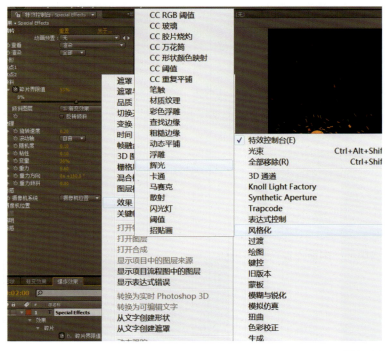

图2-185

⑰设置"辉光阈值"为"60%"，"辉光半径"为"53"，"辉光强度"为"1.6"，辉光色为A和B的颜色，"色彩循环"为"锯齿波A＞B"，颜色A的RGB为"231，5，5"；颜色B的RGB为"253，239，21"（图2-186）。

图2-186

⑱在项目窗口的灰色区域双击鼠标右键，导入素材图片"爆炸背景"，将其拖曳到"爆炸效果"合成，作为制作好的爆炸效果的背景。按住快捷键"S"，调整"爆炸背景"图片的大小，以匹配合成窗口（图2-187）。

图2-187

⑲敲击小键盘中的0键，预览动画效果。

⑳单击菜单栏中的"图像合成"面板中的"制作影片"。

㉑在弹出的"渲染队列"中设置"输出组件"的格式为"F4V（H.264）"，并设置输出路径及名称，单击"渲染"。

第八课　跟踪的力量

课时： 8课时

要点： 本课通过案例讲解，让学生了解稳定跟踪和动态跟踪在影片中的制作方法。

打开AE中的跟踪面板，跟踪命令中有"跟踪""稳定"两种设置。其目的分别为稳定画面，画面上的某些运动跟踪。

受到风或者其他干扰导致的镜头晃动，以及晃动比较厉害的运动镜头，我们都可以用稳定跟踪的方法将镜头进行平稳化。即使是前期拍摄的有瑕疵的镜头，经过稳定、跟踪、合成等技术，也可达到高质量的后期效果。

运动跟踪在影视后期制作中的使用频率很高，我们可以跟踪对象的运动，将该运动的跟踪数据应用于另外一个对象，并发生追随运动。例如，影片《黑衣人》中的一个镜头（图2-188）。原本在摄影棚中拍摄的是用手捧起的一个带有标记的蓝色球，经过绿幕和跟踪技术，将蓝色球替换成做好的CG头部，而头部的动画和蓝色球上标记的跟踪点同步运动，使头部和手部的动作完全匹配。再如，在上一节绿幕技术中我们提到的《少年派的奇幻漂流》。在这部影片的制作当中，让人感到视觉效果震撼的海洋实际上是在台中市废弃机场里搭建起的一个水槽，水槽周围蓝色围墙上用一些鲜明的红色加号形状进行了标记。如果足够细心，观者不难发现《美国队长》（图

图2-188

图2-189

图2-190

2-189）、《暮光之城》（图2-190）等影片在制作时绿幕上都有一些醒目标记存在。我们在创作的时候经常会碰到这种情况，在拍摄好的场景中，有些地方拍摄效果不佳或背景中有些道具穿帮必须要被替换掉。而正因为有了跟踪技术，才使高效、高质量的影视制作成为可能。

运动跟踪和运动稳定跟踪的原理是一样的，只是它们根据各自的目的将跟踪的数据应用于不同的目标。运动跟踪将跟踪的数据应用于其他图层或滤镜的控制点，而运动稳定跟踪则将跟踪数据应用于源图层自身，用来抵消运动。

为了使跟踪效果更加完美，需要选择跟踪点。AE跟踪中的跟踪点选择必须在一个平面上；周围区域的颜色、亮度或饱和度形成强烈对比；跟踪点的整体区域有清晰边缘，使形状容易辨别；整个视频持续时间内都很好辨认；跟踪目标在各个方向上相似且靠近跟踪目标区域。

下面，我们就用案例来学习怎样使用跟踪。

1.稳定跟踪案例

本案例主要讲解对视频素材进行稳定跟踪的方法。最终的效果如图2-191所示。

图2-191

1）学习目标

掌握稳定跟踪的技术。

2）操作步骤

①打开AE软件，双击项目面板下方的灰色区域，导入"稳定跟踪素材"视频文件（图2-192）。

②选择"稳定跟踪素材"视频文件，用鼠标左键将其拖曳到下方的"新建合成"图标上，会建立一个和"稳定跟踪素材"文件相同名称的合成，这个合成的时间长度和大小均与视频文件相同（图2-193）。

③在AE面板的菜单栏中勾选"跟踪"选项，打开"跟踪"面板（图2-194）。

④将视频素材拖曳到下方的时间线，双击"稳定跟踪素材"图层后的时间线，进入"图层"面板（图2-195）。

图2-192　　　　　　　　　　　图2-193　　　　　　　　　　　图2-194

图2-195

⑤在"跟踪"面板中单击"稳定跟踪"按钮，新建一个"跟踪点1"，用鼠标左键拖动里边的正方形，调整"跟踪点"的位置（图2-196）。

图2-196　　　　　　　　　　　　　图2-197

⑥因为外部的正方形是搜寻区域，追踪时要确保搜寻区域够大，计算机才能找到跟踪点。因此，要将外部方框稍微放大，将追踪点的中心锚点放在画面中LOGO的白色字体字母"A"的最顶端，这里的对比度比较强烈，计算机能够很好地识别（图2-197）。

⑦勾选"跟踪"面板中的"旋转"选项（图2-198），图层面板会出现"跟踪点2"，将"跟踪点2"的中心标点对准图2-199的白色区域。

⑧将时间滑块移动到第0帧处，单击"跟踪"面板中的"向前分析"按钮，时间线上会自动记录关键帧信息（图2-200）。

图2-198

图2-199

图2-200

⑨单击"跟踪"面板中的"应用"按钮，在弹出的"动态跟踪应用选项"中，设置应用尺寸为"x和y轴"，单击"是"（图2-201）。

⑩在合成面板中，单击空格键，查看生成的稳定跟踪效果（图2-202）。

⑪单击视频文件图层，按快捷键S，将图层的"比例"属性打开，将"比例"调整为"107，107%"（图2-203）。

⑫查看追踪的效果是否稳定，单击菜单栏中"图像合成"面板中的"制作影片"（图2-204），在弹出的"渲染队列"中设置"输出组件"的格式为"F4V（H.264）"，并设置输出路径及名称，单击"渲染"（图2-205）。

图2-201

图2-202

图2-203

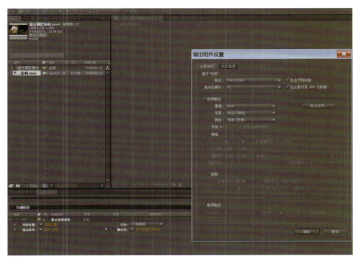

图2-204　　　　　　　　　　　　　　　　　　　　　　　　　　　图2-205

2.手机光影轨迹跟踪

　　本案例主要讲解对视频素材进行动态跟踪，从而制作出手机光影移动的轨迹关键帧。之后，为视频素材添加"效果"特效，并为其添加'生成"特效中的"书写"命令。最后为固态层添加"风格化"中的"辉光"，并设置"遮罩羽化"。本案例最终的效果如图2-206所示。

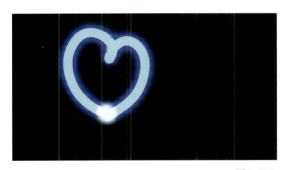

图2-206

1）学习目标

①掌握动态跟踪。

②掌握"效果"特效中的"生成"与'书写"命令。

2）操作步骤

①打开AE软件，双击"项目"面板下方的灰色区域，导入"手机光轨视频"视频文件（图2-207）。

图2-207

②选择视频文件，用鼠标左键将其拖曳到下方的"新建合成"图标上，建立一个和视频文件相同名称的合成，这个合成的时间长度和大小均与视频文件相同（图2-208）。

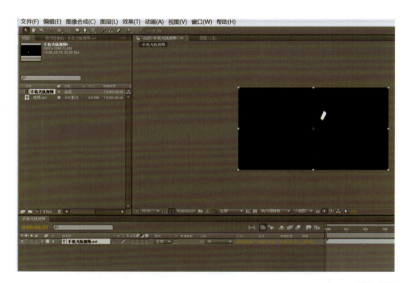

图2-208

③在第0秒出，按快捷键"B"，在手机上完成心形绘制后，定义工作区结束点，即在2秒16帧处按快捷键"N"，在时间线的"时间"标尺处，单击鼠标右键选择"修整合成至工作区"（图2-209）。

图2-209

④在AE面板的菜单栏中勾选"跟踪"选项，打开"跟踪"面板（图2-210）。
⑤双击"手机光轨视频"图层后的时间线，进入"图层"面板（图2-211）。

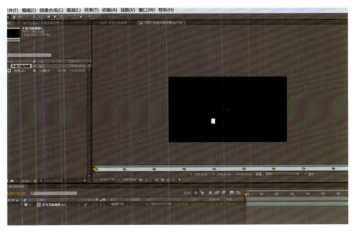

图2-210　　　　　　　　　　　　　　　　　　　　　图2-211

⑥按住快捷键"Ctrl+Y"，新建一个"空白对象层"（图2-212）。

⑦选中视频素材图层，在"追踪"面板里面单击"追踪"，这时将会进入"图层"窗口，设置"运动来源"为视频文件，勾选"位置"（图2-213）。

图2-212

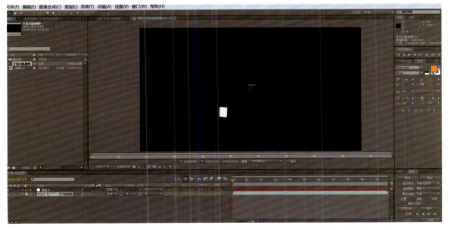

图2-213

⑧单击"设置目标"，将会弹出"运动目标"栏，将图层设置为"空白1"（图2-214）。

⑨单击"选项"，将会弹出"动态跟踪选项"栏，将通道的模式保持为"亮度"，单击"是"（图2-215）。

图2-214   图2-215

⑩将跟踪内部与外部的方框放大，以便内部方框包围住手机屏幕；单击"跟踪"面板中的"向前分析"按钮，时间线上会自动记录关键帧信息（图2-216）。

⑪如果视频没有跟踪完毕，可以连续单击"跟踪"面板中的"向前分析1帧"按钮，将整个手机运动跟踪完毕（图2-217）。

图2-216   图2-217

⑫单击"跟踪"面板中的"应用"按钮，在弹出的"动态跟踪应用选项"中，设置应用尺寸为"x和y轴"，单击"是"。设置完以后，空白物体会跟随手机发生移动（图2-218）。

图2-218

⑬按住快捷键"Ctrl+Y"，新建一个"固态层"，将"固态层"的颜色设置为"红色"，将面板中的"红色固态层1"修改、命名为"红色固态层"（图2-219）。

⑭选择"红色固态层"，单击"效果"并为其添加"生成"特效中的"书写"（图2-220）。

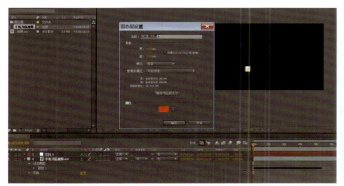

图2-219　　　　　　　　　　　　　　　　　　　　　图2-220

⑮打开"红色固态层"，找到"效果"中"书写"下的"画笔位置"，鼠标单击"画笔位置"前的时间码表；同时，按住"Alt"键，将会添加"画笔位置"的表达式（图2-221）。

⑯添加的"画笔位置表达式"后方有一个螺旋形图标（表达式拾取），将这个图标拖曳到空白层后的"位置"属性上，使"画笔"的位移和空白物体的位移相一致（图2-222）。

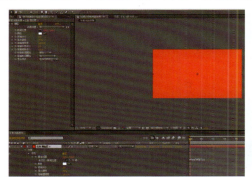

图2-221　　　　　　　　　　　　　　　　　　　　　图2-222

⑰在"画笔"面板中找到"混合样式"，将"在原始图像上"设置为"在透明通道"（图2-223）。

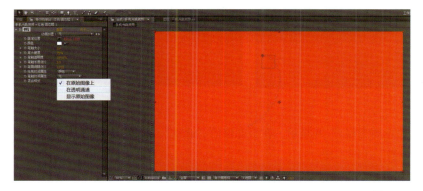

图2-223

⑱重新设置"画笔"中的参数。设置"颜色"的RGB为"150，194，249"，"笔触大小"为"50"，"笔头硬度"为"80%"，"笔触透明度"为"94%"，"笔画间隔"为"0.006（秒）"（图2-224）。

⑲选中"红色固态层"，在菜单栏中找到"效果"，为其添加"风格化"中的"辉光"，设置参数。辉光阈值：2%；辉光半径：95；辉光强度：2.1；辉光色：A和B颜色；色彩循环：三角形A>B>A；颜色A的RGB："20，70，231"，颜色B的RGB为"44，171，236"（图2-225）。

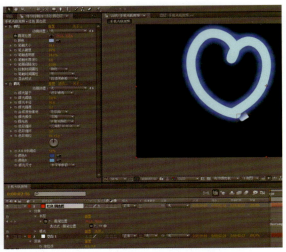

图2-224 图2-225

⑳按住快捷键"Ctrl+Y"，新建一个"固态层"，将固态层的颜色设置为"白色"，命名为"白色固态层1"（图2-226）。

㉑取消"白色固态层1"的显示，使用"钢笔"工具为"白色固态层1"添加"遮罩"，形状如图2-227所示。

图2-226 图2-227

㉒打开"白色固态层1"的显示，在固态层的"遮罩"属性中找到"遮罩羽化"，将其参数设置为"45，45像素"（图2-228）。

㉓将"白色固态层1"的"图层"样式的"正常"设置为"添加"，并将"父级"后的"无"改为"空白1"（图2-229）。

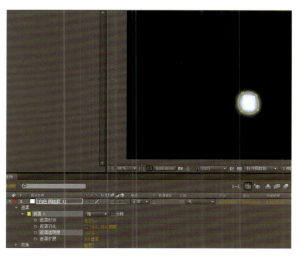

图2-228

图2-229

㉔单击菜单栏中的"图像合成"面板中的"制作影片"（图2-230）。

㉕在弹出的"渲染队列"中设置"输出组件"的格式为"F4V（H.264）"，并设置输出路径及名称，单击"渲染"（图2-231）。

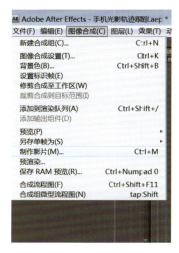

图2-230

图2-231

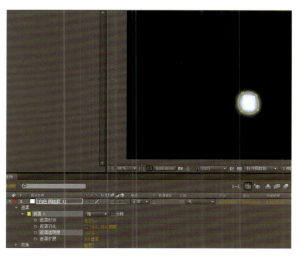

第九课　神奇的插件

课时： 10课时

要点： 本课是AE的高级进阶部分，未讲解案例具体操作过程，主要通过赏析让大家看到该软件配合外部插件还能做出哪些酷炫的效果，同时掌握插件的安装技巧，了解常见的光效、跟踪、调色等插件的使用方法，且能灵活合适地运用到相应的场景中。

　　"工欲善其事，必先利其器。"对AE这款合成软件来说，它的强大在于外部有庞大的特效插件进行支撑，让操作者能快速地做出炫目的效果，除去软件中自带的特效外，外部插件用途广泛、功能强大，极大地扩充了这个软件的制作能力，在影视后期和电视包装行业中发挥着越来越重要的作用。

1.插件概述与安装技巧

1）AE插件概述

　　插件是遵循一定规范的应用程序接口编写出来的一种程序，即英文plug-in。软件能够直接调用插件程序，而插件安装后就成为软件的一部分，可以处理特定的文件。After Effects软件具备非常良好的兼容扩展性，吸引着世界上各地的程序员和软件开发公司为它编写功能各异的插件，以增强它的特效合成制作能力。目前，上千种插件足以令用户们眼花缭乱。插件的使用可极大地提升影视特效合成的制作能力和效率，而且让作品的视觉效果更加精彩和独特。以前在制作上非常复杂的动态效果，现在只需要使用几个插件就能轻松实现。本单元将介绍几个非常著名的插件开发公司，读者可以到他们的网站上下载相关的插件进行试用。

2）AE插件安装技巧

安装插件时所用到的工具/原料可分为两种：

①AE软件。

②需要用到的插件（必须是安装AE软件所支持的版本）。

AE里安装插件，大致可分为两大类，一类是直接复制到AE安装目录里就可以使用的，如后缀名是.aex的，这一种比较容易操作；另一类则是需要安装和破解完之后才能使用的，如后缀名是.exe的可执行文件。

（1）常规后缀名是.aex的插件安装

①选择要安装的后缀名是.aex的插件（图2-232），使用快捷键"Ctrl+C"复制。然后，找到AE安装目录（或者是在AE软件的快捷方式上右击找到文件位置）（图2-233）。最后，找到Plug-ins这个文件夹，使用快捷键"Ctrl+V"，把刚才复制的插件粘贴进来（图2-234）。

②重启AE软件，就可以在特效里找到刚才安装的插件了，这样就可以使用了（图2-235）。

注意：如果不能正常运行，请检查插件所对应的AE版本及.aex文件的只读属性是否去掉。

图2-232

图2-234

图2-235   图2-233

（2）常规后缀名是.exe的插件安装

如果下载的是需要进行安装的.exe后缀名的可执行文件，就要根据自己的系统位数来进行选择。

①双击.exe的文件，然后选择要安装的插件（图2-236）。

②将文件安装在对应AE安装目录的Plug-ins这个文件夹中（图2-237、图2-238）。

③重新启动AE，插件安装全部完成（图2-239）。

有些AE插件需要注册才能正常使用，这时，根据插件提供的序列号在AE中的相应处填入注册信息即可。

安装插件其实是一件很轻松的事，但对一个新手来说，需要理清思路并多练习几次。

图2-236

图2-237

图2-238

图2-239

现在市面上的AE插件多如牛毛，试也试不完，建议使用者建一个临时目录把暂时不需要的.aex文件移过去，需要的时候再恢复。此举一是避免插件过多占用系统资源；二是避免插件的相互冲突，影响AE的稳定性。

2.三维效果实现Element 3D

Element 3D（图2-240）这款强大的插件由Video Copilot公司出品，它的出现使直接在AE这种平面特效软件中创建真实三维物体变为可能，并且可以直接在AE中进行渲染，让很多对C4D、MAX、MAYA等专业三维软件不熟悉的后期设计师仅利用AE就可创建出创作所需的3D对象。另外，相较于传统的AE针对3D动画合成中出现的各种烦琐的操作步骤，如摄像机同步、光影匹配等，Element 3D可以让特效师直接在AE里完成，而不需要考虑摄像机和光影迁移的问题。配合After Effects内置的Camera Tracker（摄像机追踪）功能，可以完成各类复杂的3D后期合成特效。

Element 3D效果范例：炫酷文字特效——AK3D字体（图2-241）。

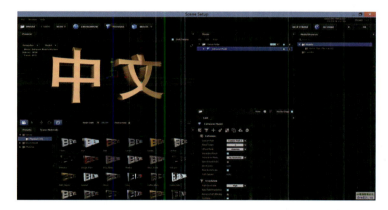

图2-240

图2-241

这种三维LOGO动画在影视作品中极为常见，如果用三维软件制作字体、制作贴图、添加光源、渲染生成，最终导入AE制作动画，制作过程将会非常烦琐。

　　本教程为大家演绎如何轻松实现LOGO动画效果，即使用Element 3D插件制作三维文字。这个插件简单、快捷、高效，而且有很多逼真的材料效果供我们选择。它可以使影视后期人员在AE中方便地制作各种三维文字，彻底摆脱复杂的三维字体制作软件的束缚，将三维模型与视频素材完美地结合起来（图2-242—图2-245）。

图2-242

图2-243

图2-244

图2-245

3.炫酷的光影效果

前面已经用AE内置特效介绍了基础光影的制作方法，后期在片子制作过程中可以利用插件让光影效果升级，这样不但方便、快捷，最重要的是可即时生成大片效果。业内经常配合使用的是灯光工厂（Knoll Light Factory）插件和Trapcode公司开发的系列插件。

1）灯光工厂

灯光工厂一直是好莱坞影片中制作人较为喜欢使用的一款插件（图2-246），也是一款从电影制作到视频设计都适用的镜头光晕效果插件。它主要用于制作光源与光晕等特效，其效果相当于Photoshop内置的Lens Flare滤镜的加强版。该滤镜提供了多光源与光晕效果以及实时预览功能，方便使用者观看效果。灯光工厂内置25种灯光效果，可互相搭配，并且可将搭配好的效果储存起来，下次直接读入使用，无须重新调配，十分方便。其中预设的精确镜头耀斑效果增加了镜头炫光的吸引力，让片子的场景变得更加迷人。

图2-246

在应用灯光工厂时，合成文件中首先需要有颜色较深的背景层，然后在新建的调节层上运用此插件（图2-247）。插件中预置了多种光效模版（图2-248），每种光效都由辉光球、圆盘、条纹、星光镜、耀斑等多种组件构成（图2-249），用户可根据自己的需求自定义地选择并进行调节。在大片《星球大战》中，就频现此插件的运用效果（图2-250）。

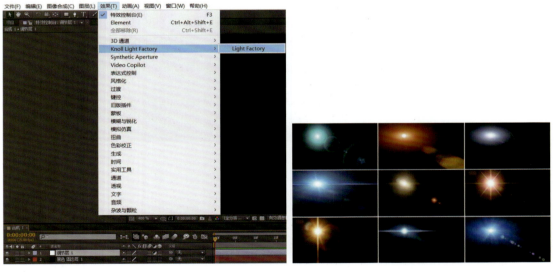

图2-247   图2-248

图2-249　　　　　　　　　　　　　　　　　　　　　　　　　图2-250

2）Trapcode Suite系列插件

Trapcode Suite系列插件是一组非常强大的AE粒子滤镜，可轻松完成发光、扫光、线条变换等比较简单的光效效果，甚至连制作烟火爆破等较为复杂的光效效果也不在话下。除去二维效果，该套装拥有更为强大的粒子系统、三维元素以及体积灯光，让用户在AE里能够随心所欲地创建理想的3D场景。目前在这个套装中，共有以下插件（表2-1）。

表2-1　Trapcode Suite系列插件一览表

名　称	主要效果
3D Stroke——3D描边插件	针对路径在三维空间内的变化，生成各种线条样式
Echospace——三维立体拖尾插件	为各种类型的图层（如视频层、文字层、图像层）创建三维运动效果；也可对图层进行复制，并产生阴影和交叉效果
Form——空间粒子插件	基于网格的三维粒子插件，它可以用来制作液体、复杂的有机图案、复杂的几何学结构和涡线动画；将其他层作为贴图，使用不同参数，可以进行无止境的独特设计
Horizon——天空插件	一个照相机识别图像绘图工具，它可以将After Effects相机与3D世界绑定，帮用户创建出一个无限远背景
Lux——聚光灯插件	用AE内置灯光来创建点光源的可见光效果
Mir——三维图形插件	它可以创建变形和分散效果的三维物体
Particular——超炫粒子插件	3D粒子系统，它可以产生各种各样的自然效果，如烟、火、闪光；也可以产生有机和高科技风格的图形效果
Shine——放射光插件	快速制作炫光、3D放射光线效果的插件
Sound Keys——音频关键帧插件	它可以在音频频谱上直观地选择一个范围，并将选定频率的音频能转换成一个关键帧串，非常方便地制作出音频驱动的动画
Starglow——星光插件	这是一个快速制作星光闪耀效果的滤镜，它能在影像中高亮度的部分加上星形的闪耀效果；而且可以个别指定八个闪耀方向的颜色和长度，每个方向都能被单独赋予颜色贴图和调整强度
Tao——路径插件	Tao是Stroke和Mir的功能结合在一起的产物，可以制作非常酷的路径效果，渲染速度快，可以完成很多抽象及复杂的图形动画

Trapcode系列插件可为影片带来更加丰富的光影粒子效果，会给人留下炫酷的印象。

范例

粒子特效制作——AE Particular制作火焰燃烧键盘。

本案例（图2-251—图2-253）用到的知识点较为丰富，有色阶、轨道蒙版、Trapcode插件中的Particular、遮罩、快速模糊、CC放射状模糊、噪波置换、表达式、置换贴图、分形杂色、彩色光、填充。作者灵活地运用After Effects的各项功能进行创作，希望使用者在学习After Effects的过程中多搜集一些当今影视中的特效片段，勤于思考练习，将学到的后期合成的知识点与自己的创作相结合，并且在熟练掌握各种技能的基础上多了解影视合成行业的动向，对自己的知识结构进行有针对性的优化。

图2-251

图2-252

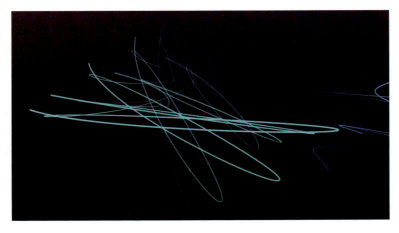

图2-253

图2-254—图2-257分别为使用Trapcode Suite系列插件中Shine插件完成的光芒表现，使用Particular粒子制作的冲击波特效，使用Form插件制作的梦幻的穿梭空间以及使用3D Stroke制作的多彩光影效果图。

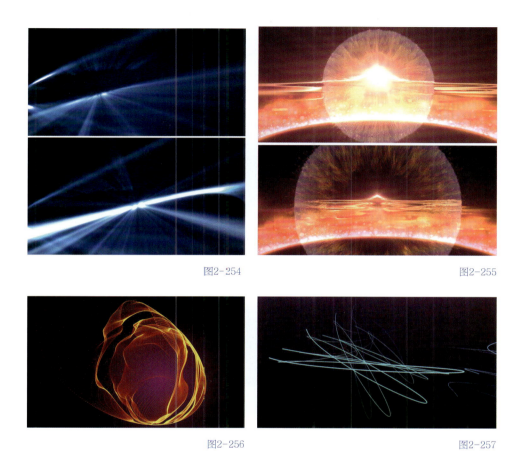

图2-254   图2-255

图2-256   图2-257

4.调色插件

在电影领域，调色是后期制作阶段非常重要的工作，调色的不同能使观众观看影片的情绪发生明显的变化，在这里介绍一下Magic Bullet Looks。它是由最大的AE插件制造商Red.Giant公司出品的调色插件，可以供AE、PR、Vegas等软件使用。这款插件界面直观、操作方便，操作流程以实际拍摄的工作流程为准，操作十分简单。插件分为五大部分：被拍摄物、各种滤色镜插片、模拟镜头、模拟胶片曝光的控制与感光、模拟胶片后期冲印工程的调整。各种效果的添加都可以套用这五个步骤精确操作，展现出所有传统胶片电影的特性。而且该软件还有一个巨大的预设库，里面有专业设计的各种用色，可以最大限度地模拟引影胶片色调，从而使用较低的成本来完成高端电影用色。该软件操作界面分布非常灵活实用，从工具色面板中可以看出，该插件不仅仅是一个调色的插件，还能通过丰富的小工具来对画面的镜头感、虚实感、光感等效果进行处理，可极大地满足设计师对画面处理的需求。

安装好插件后，进入参数设置面板（图2-258），在弹出窗口里单击下方"Magic Bullet Looks"有相应的各种预设调节效果（图2-259）。这时，选择一个所需要的效果拖动到影片上，就会有相应的变化。接着，单击下方的图标窗口（图2-260），右侧可调整相应参数。下方的按钮就是五大工序的调整：Subject（主题），用于调整全局效果；Matte（滤镜插片），用于调整局部效果；Lens（滤镜镜头），用于整体改变原片色调；Camera（摄像机），可通过不同角度去调整片源；Post（后期最终调节），用于最终效果的把控。在Post中，又有整体曝光量调节、色彩对比度调节、胶片打印设置等设定。图2-261为图片通过插件调整的前后对比图，可以看到上面色彩的变化。

图2-258

图2-259

图2-260

图2-261

　　图2-262—图2-264为预设效果中TES暗角效果调整作品；图2-265—图2-267为添加渐变镜效果展示；图2-268—图2-270为使用移轴摄影的效果；图2-271—图2-273为在素材上添加噪点模拟胶片效果的范例。Magic Bullet Looks插件可调控的环节很多，能让用户轻松地做出各种不同光色风格的影片。

图2-262

图2-263

图2-264

未使用滤镜

使用渐变红

使用渐变黄

图2-265

未使用滤镜

使用渐变橙

使用渐变蓝

图2-266

没有使用滤镜　使用茶色滤镜

图2-267

图2-268

图2-269

图2-270

图2-271

图2-272

图2-273

5.变形插件

我们在影视片中经常会看到一些变脸、变身的魔幻类视觉效果，如人变成猴子、孩童慢慢变成老人等。在这里就介绍一款能做出这种变形效果的二维变形扭曲工具——RE：Flex Morph。它是一款制作变形和扭曲效果的插件，主要使用内置绘图工具来表现弯曲变形的效果。它直接通过AE的"几何遮罩"来完成，绘制需要扭曲变形的遮罩区域，将多个图像的指定区域进行变形转换。

在这里，来看一个案例效果。在AE中找到当前插件（图2-274），尝试制作一位中年阳光男子秒变沧桑大叔的效果（图2-275）。首先，需要准备两张适合变脸的图片，再导入图片上的形态一定要有共性。为了操作方便，前期可以将两个头像的背景去除（图2-276）。然后，建立"图片"合成，设定时长为4秒钟，并前后放置两个图片（图2-277）。随后建立"变脸"合成并嵌套"图片"（图2-278），运用"钢笔"工具绘制第一个图片变形参考的蒙版路径（图2-279）。注意，绘制的蒙版针对人物面部的关键特征处，如脸的外轮廓、眼睛、鼻子等处，所画蒙版都为未封闭的路径。随后在第1秒记下关键帧（图2-280）；接着调整蒙版路径锚点，使其一一对应到第二张图片上（图2-281），并在第2秒记下关键帧（图2-282）；最后在图层上添加RE：Flex Morph效果，设置Picture Key关键帧第1秒为"开"，第2秒为"关"，第3秒为"开"（图2-283）。注意这个插件的技术点：一个嵌套图层，两个对应路径，三个Picture Key关键帧。

图2-274

图2-275

图2-276

图2-277

图2-278　　　　　　　　　　　　　　　　　　　图2-279

图2-280　　　　　　　　　　　　　　　　　　　图2-281

图2-282

图2-283

图2-284

图2-284为一位女士变身为一条时髦狗的动态影像截图。

该插件可制作出很多生动有趣又脑洞大开的影像变形资料，需要大家多思、多做。

另外，还有蓝宝石系列、跟踪、CC等系列插件都很不错，值得安装学习，这里不再详细介绍。

第三单元
影视特效综合案例

课　　时： 8课时

单元要点： 该单元通过对学生课堂作业"体育报道"片插的制作流程进行讲解，让学生在这个综合案例中得以运用前面所学的知识要点，并且能够将一个个零散的知识点呈在一起，完成一个相对比较完整的成片。

重庆人文科技学院课程考核命题单

2016—2017学年第二学期				期末考试			
考试时间	2017.3.8	考试方式	闭卷	学生类别	本科	人数	26
专业	数字艺术		年级	14级	总分		100

一、试题内容

根据所学内容，为中央电视台第5套节目体育频道的"体育报道"栏目制作一条片插。

二、目的

通过本次作业的练习，让学生能综合运用所学到的影视后期特效的相关知识及AE涉及的一些使用技巧，来制作一条相对完整的成片。

三、要求

1.本片不能长于5秒钟。

2.片中要有"体育报道"英文词组的运动出场效果。

3.注意色调和体育类栏目的调性统一。

4.注意对素材各自运动规律的准确体现，把握好对节奏的控制。

1.设计展示

最终案例截图效果见图3-1。

图3-1

2.设计流程

本片是为中央电视台第5套节目体育频道的"体育报道"栏目组制作的一条片花，时长4秒。要求其既具有体育栏目特有的速度感与冲击力，又需要有报道性栏目的稳重性。因此，在片子设定的时候选用了文字（中性的BANK字体）作为主要元素，配合现代的背板在空间中做运动，从入画到出画明显具有节奏感的变化，并具有强烈的冲击性。颜色设定了蓝灰色，而且配合了暖色光效转场，冷暖色调对比协调统一、层次感丰富，和本栏目的调性相统一。

这个片子的三维元素在3ds Max中已经制作完毕了，出于篇幅问题在这里就不详细讲解制作过程，主要讲解后期如何在AE软件里把这个片子的背景元素以及它的装饰元素和那些三维素材结合起来，再配合相应的特效，形成最后的片子。

1）背景制作

现在可以看到，整个片子的背景是蓝灰色调（图3-2），背景的颜色并不是一片色，和绘画作品一样具有暗部颜色、中间颜色以及高光颜色。所以，后期在制作任何一个片子的时候，为了让其层次更加丰富，都会有这样的一些变化在里面，这样会使整个画面的层次感更加丰富。本片的背景元素将通过现有素材来进行调节。

注意：当前需要在AE中导入MOV的素材，这个需要前期在电脑中安装QuickTime这个播放器才能成功。

①新建一个名为"背景"的合成。时间长度：3秒15帧；制式：PAL值；大小：720px × 576px（图3-3）。

②在项目窗口中，双击鼠标左键，导入素材"SK116"，将其拖入时间线窗口，进行预览（图3-4）。此时会发现素材左上角完全是一个曝光效果，没有需要的色彩元素信息，所以需要把它处理一下。这时，直接选中当前素材往左上角移动（图3-5），然后点中素材右下角拖拽下来，将素材放大，保留这个有色彩信息的画面（图3-6）。

图3-2

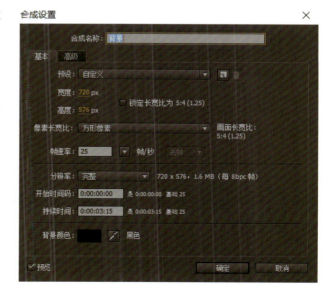

图3-3

图3-4

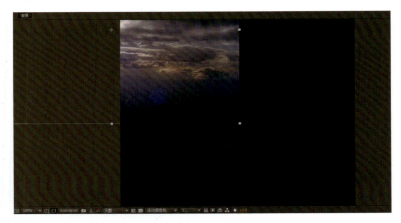

图3-5

图3-6

③模糊效果，去除背景的细节元素。单击"效果"→"模糊和锐化"→"高斯模糊"（图3-7），设置"模糊值"为"120"（图3-8）。

图3-7　　　　　　　　　　　　　　　　　　　　　　　图3-8

④微调色彩，单击"效果"→"颜色校正"→"颜色平衡"（图3-9）。将画面颜色调节得更加偏蓝色色调，RGB三个通道中将红色调为负值，蓝色值适当提高（图3-10）。

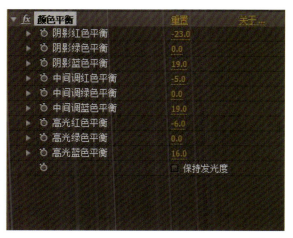

图3-9　　　　　　　　　　　　　　　　　　　　　　图3-10

⑤此时画面颜色过于饱和，不够深沉，继续单击"效果"→"颜色校正"→"亮度和对比度"（图3-11），将亮度调节为"−61"，对比度"−11"（图3-12）。单击"效果"→"颜色校正"→"色阶"（图3-13），"输入黑色"值为"25.5"（图3-14）。至此，背景元素的第一层暗部颜色制作完毕，可单击时间线中"SK116层"，用鼠标单击"回车"，对当前层改名为"暗部颜色"（图3-15）。

图3-11

图3-12

图3-13

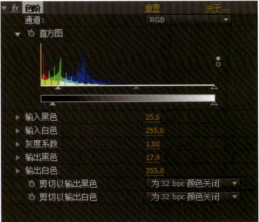

图3-14

图3-15

⑥单击"暗部颜色"层，按住快捷键"Ctrl+D"，复制当前层，改名为"中间颜色"（图3-16）。中间颜色的色彩信息范围利用"钢笔"工具进行绘制，黄色封闭区域为中间色调区域（图3-17）。接着单击该层，在效果控件窗口中将原有的"亮度和对比度"特效以及"色阶"特效去除（图3-18）。在时间线窗口中将当前层的叠加模式更改为"屏幕"类型（图3-19）。为了让画面效果更加柔和，单击"中间颜色"层，将"蒙版"打开，设置"蒙版羽化"值为"120"（图3-20）。

图3-16

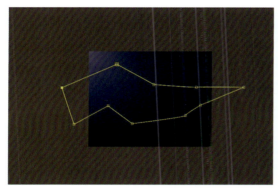

图3-17　　　　　　　　　　　　　　　　　　图3-18

图3-19　　　　　　　　　　　　　　　　　　图3-20

⑦单击"中间颜色"层，使用快捷键"Ctrl+D"，复制当前层，改名为"亮部颜色"（图3-21）。单击当前层，在"合成"窗口中更改"蒙版"的样式（图3-22）。

⑧单击"亮部颜色"层，在上方效果控件中将"高斯模糊"去掉，然后单击"效果"→"模糊和锐化"→"定向模糊"（图3-23）；设置"方向"为"90°"，"模糊长度"为"120"（图3-24）；再将其叠加模式更改为"相加"（图3-25），若觉得亮部颜色还不够，可将当前层用快捷键"Ctrl+D"再复制一次，叠加模式保持为"相加"模式（图3-26）。至此，片子的背景效果制作完成（图3-27）。

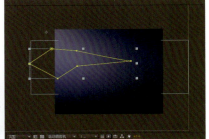

图3-21

图3-22

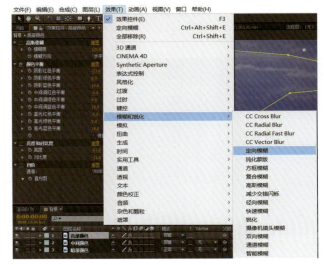

图3-23

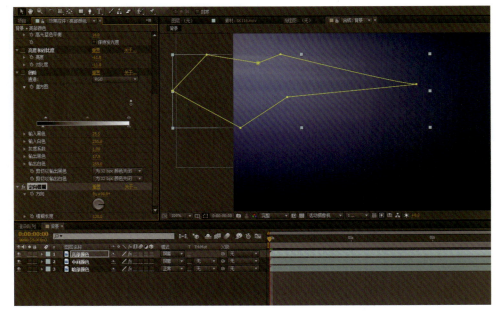

图3-24

图3-25

图3-26

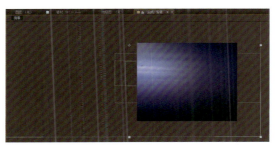

图3-27

2）装饰元素制作

①按住快捷键"Ctrl+Y"，新建一固态层"黑色条"（图3-28），"宽度"为"720像素"，"高度"为"40像素"，"颜色"为"黑色"，将其放置到背景下方合适位置（图3-29）。

②选择"钢笔"工具，在"黑色条"上绘制"遮罩"，使其后半部能融入背景中（图3-30）。打开"蒙版羽化"，将其设置为"120像素"（图3-31），得到最后的效果（图3-32）。

③按住快捷键"Ctrl+Y"，新建一固态层"背景大文字"（图3-33），"宽度"为"720像素"，"高度"为"576像素"，"颜色"为"黑色"；然后单击"效果"→"过时"（旧版本）→"基本文字"（图3-34），选择字体"BankGothic Lt BT"（图3-35），并在下方输入所需文字"SPORT REPORT"。此文字后期需要以动态方式呈现，所以此处可以多复制几个，并调整合适的大小和颜色，放置在"黑色条"的上方（图3-36）。

图3-28

图3-29

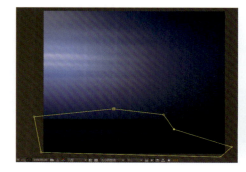

图3-30　　　　　　　　　　　　　　　　　　　　　　　　图3-31

图3-32

图3-33　　　　　　　　　　　　　　　　　　　　图3-34

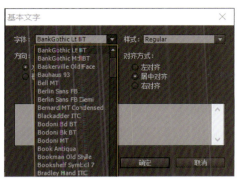

图3-35

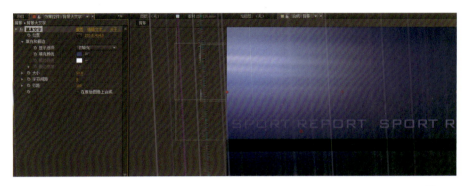

图3-36

④单击"背景大文字层"，在"效果控作"中打开"基本文字"前方的三角形按钮，对其"位置"属性添加"x轴运动"属性，使其开始横向爬行运动（图3-37）。

图3-37

⑤单击"图层"→"预合成"（图3-38），新建预合成"背景大文字 合成1"，并选择"将所有属性移动到新合成"（图3-39），单击"确定"。

⑥选择"钢笔"工具，在"合成"窗口中对文字做"遮罩"，使其后半部分文字能融入背景（图3-40）。打开"蒙版羽化"，设置为"30像素"，得到最后效果（图3-41）。

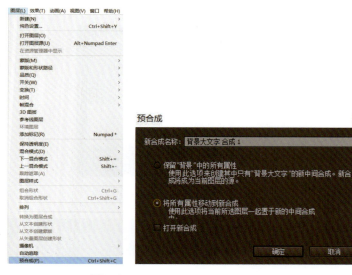

图3-38   图3-39

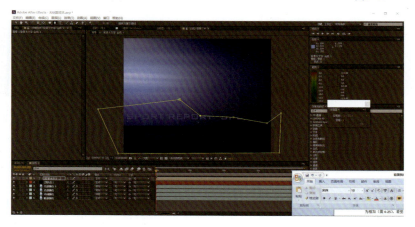

图3-40

图3-41

⑦打开PS软件，创建"装饰小元素"（图3-42），保存成PSD格式。

⑧返回AE文件，将"装饰小元素"导入。点开"项目"窗口面板，在灰色区域双击鼠标，导入素材。导入PSD文件格式时，注意选择"导入种类"为"素材"，在下方选择自己所需要的图层（图3-43）。

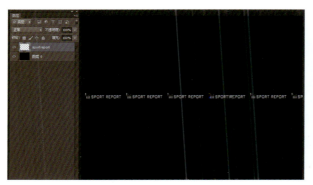

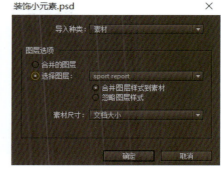

图3-42　　　　　　　　　　　　　　　　　　　　　图3-43

⑨按住快捷键"Ctrl+N"，新建"装饰小元素"合成，"宽度"为"2000px"，"高度"为"576px"（图3-44）。将刚导入的PSD素材拖入"合成"窗口中，并进行复制排列，放到合适的位置（图3-45）。

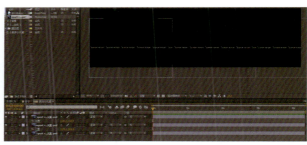

图3-44　　　　　　　　　　　　　　　　　　　　　图3-45

⑩返回"背景合成"面板，将"装饰小元素"合成拖入其中，将其放在合适位置。打开变换基本属性，对位置的x轴创建动画，让其运动（图3-46）。同理，通过钢笔工具绘制蒙版并设置羽化值，最后效果如图3-47所示。

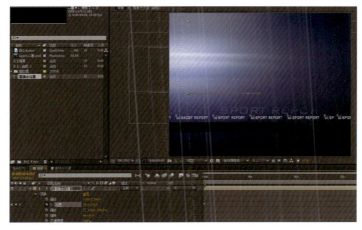

图3-46

图3-47

3）光环制作

①按住快捷键"Ctrl+N"，新建"光环"合成，"宽度"为"720px"，"高度"为"576px"，"持续时间"为"2秒15帧"（图3-48）。

②按住快捷键"Ctrl+Y"，新建固态层"圆环"，用椭圆工具配合Shift键在上面绘制一个圆形"遮罩"（图3-49）。单击"效果"→"生成"→"描边"（图3-50），设置"颜色"与"画笔大小"，并把"绘画样式"更改为"在透明背景上"（图3-51）。

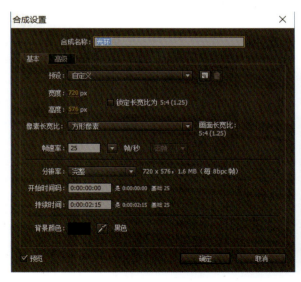

图3-48

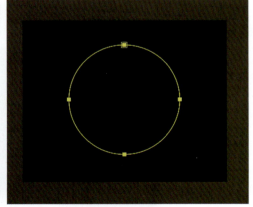

图3-49

图3-50　　　　　　　　　　　　　　　　　　图3-51

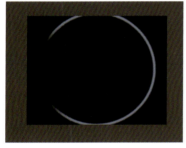

图3-52

③单击当前层，打开变换，找到缩放属性，0帧到最后设定50到250、由小变大的动态效果。

④使用快捷键"Ctrl+Shift+C"对当前层进行预合成。用"钢笔"工具在当前层上绘制"遮罩"，设置"蒙版羽化值"为"100"。最终效果如图3-52所示。

4）最终合成——体育片插

①返回"背景合成"，将"光环合成"拖入其中，放置在"黑色条"下方（图3-53）。

②执行效果"Trapcode"→"Shine"（图3-54），参照图3-55进行设置，制作圆环上面的光线效果。

图3-53　　　　　　　　　　　　　　　　　　图3-54

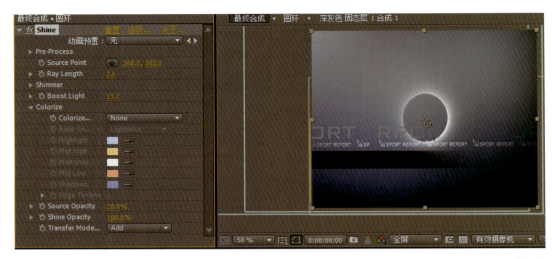

图3-55

③选中圆环层进行复制，并依次往后拖动一段距离，做成同心圆往外不停放射的效果（图3-56）。

④在"项目"窗口面板中导入"三维素材Sport"，导入为选择素材类型，勾选"Targa序列"（图3-57）。在"解释素材"面板中选择"Alpha预测"，拖入"合成"窗口，进行预览。

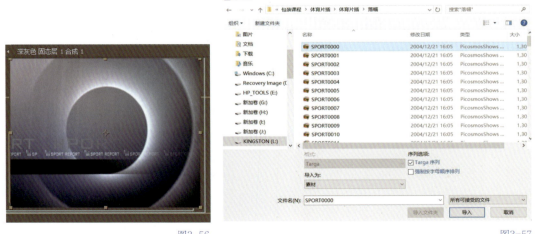

图3-56   图3-57

⑤在当前素材上执行"效果"→"颜色校正"→"色相 / 饱和度"（图3-58），将其颜色微调，和背景颜色更匹配（图3-59）。执行"效果"→"透视"→"投影"（图3-60），设置投影值和大小，最后效果如图3-61所示。

⑥新建调节层"光晕"，执行"效果"→"Knoll Light Factory"→"Light Factory"（图3-62），打开灯光工厂后方的选项按钮进行设置。分别设置"GlowBall"基本光球形状颜色，"StarFilter"中间光斑，"Sparkle"光线和"ChromaFan"镜头炫光（图3-63—图3-66）。

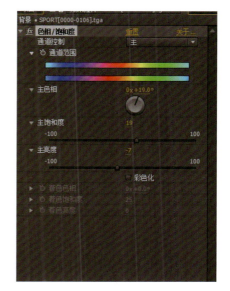

图3-58

图3-59

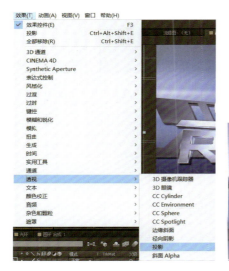

图3-60

图3-61

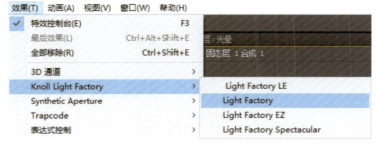

图3-62

图3-63

图3-64

图3-65

图3-66

⑦记录灯光工厂亮度、大小、位移的关键帧，让光晕从小变大，到最强后又逐渐减弱，直到消失（图3-67—图3-71）。

图3-67

图3-68

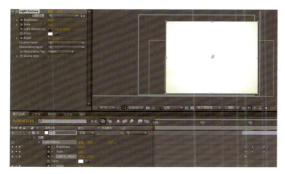
图3-69

图3-70

图3-71

　　至此，整条片子制作完成，可按空格键进行预览，若没有问题，就可按快捷键"Ctrl+M"输出视频。

3.设计总结

　　本片属于典型的三维与二维相结合的包装片，在三维软件里面要注重物体的立体造型塑造、质感的体现与基础动画节奏的调节。用AE软件进行合成时，要注意三维元素与二维背景的融合、色调的统一与节奏的匹配和插件特效的有效配合。在制作过程中，不能只从技术的层面去考虑如何制作，而要更多地从艺术性的角度去考虑片子与整体栏目的关系，从而更好地设定其版式构成、色彩搭配、质感体现以及整片的节奏感，使之协调统一。

致 谢 / ACKNOWLEDGEMENTS

本书初稿完成之后，我们觉得结构过于庞大，故做了一些删减。因为影视特效艺术涉及电影语言、导演、美术、摄影、构成、动画数字图像、软件操作等诸多领域，所以本书没有拘泥于命令与实例本身，而是介绍了许多理论和活用方法，并整理了各种技巧与读者分享。但受编者知识结构的限制，写起来未免浮光掠影，所写内容难免有疏漏之处，还请各位读者批评指正。

书稿写作终告结束，在此特别感谢重庆人文科技学院领导给予我们这次创作的机会，感谢各位同事在我们的写作过程中给予的无私帮助与激励，也特别感谢2016届数媒班的同学们分享的案例。另外，此书的顺利出版还要感谢重庆大学出版社艺术分社的各位认真负责的编辑。

最后，感谢您阅读到此，也希望通过对本书的学习和练习，您能获得更多的体验和经验，创作出更好的作品。在使用本书过程中如果有任何问题，请与32839537@QQ.com联系。

编著者